作　者　米蘭達・史密斯
Miranda Smith

長期為兒童和成人撰寫及編輯不同主題的書籍和文章，尤其對自然歷史領域感興趣。有如為之寫作的孩子們一樣，她也喜歡探索和發現新事物。最近，參觀了秘魯的馬丘比丘，並體驗了從飛機向下一躍是什麼樣的感覺。目前正在考慮將這些特別經驗與寫作連結，以及下一步的計畫。

譯　者　蘇郁捷

中山大學外國語文學系畢業，英國愛丁堡大學文化研究碩士，
現為自由譯者，擅中英文翻譯。

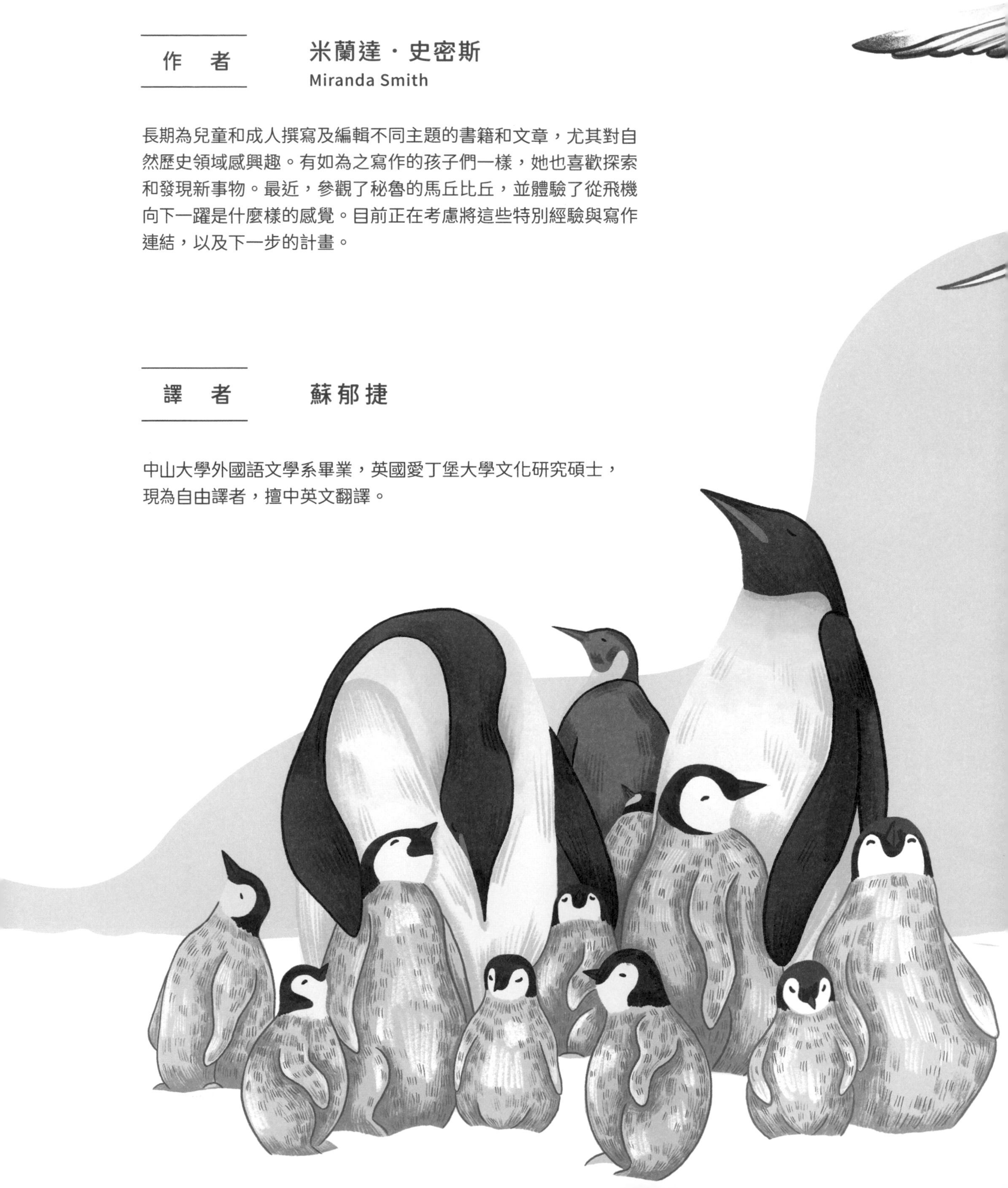

一日一動物探索超圖鑑

米蘭達 史密斯・著　蘇郁捷・譯
Miranda Smith

Ashwini V. Mohan・監修
倫敦自然史博物館

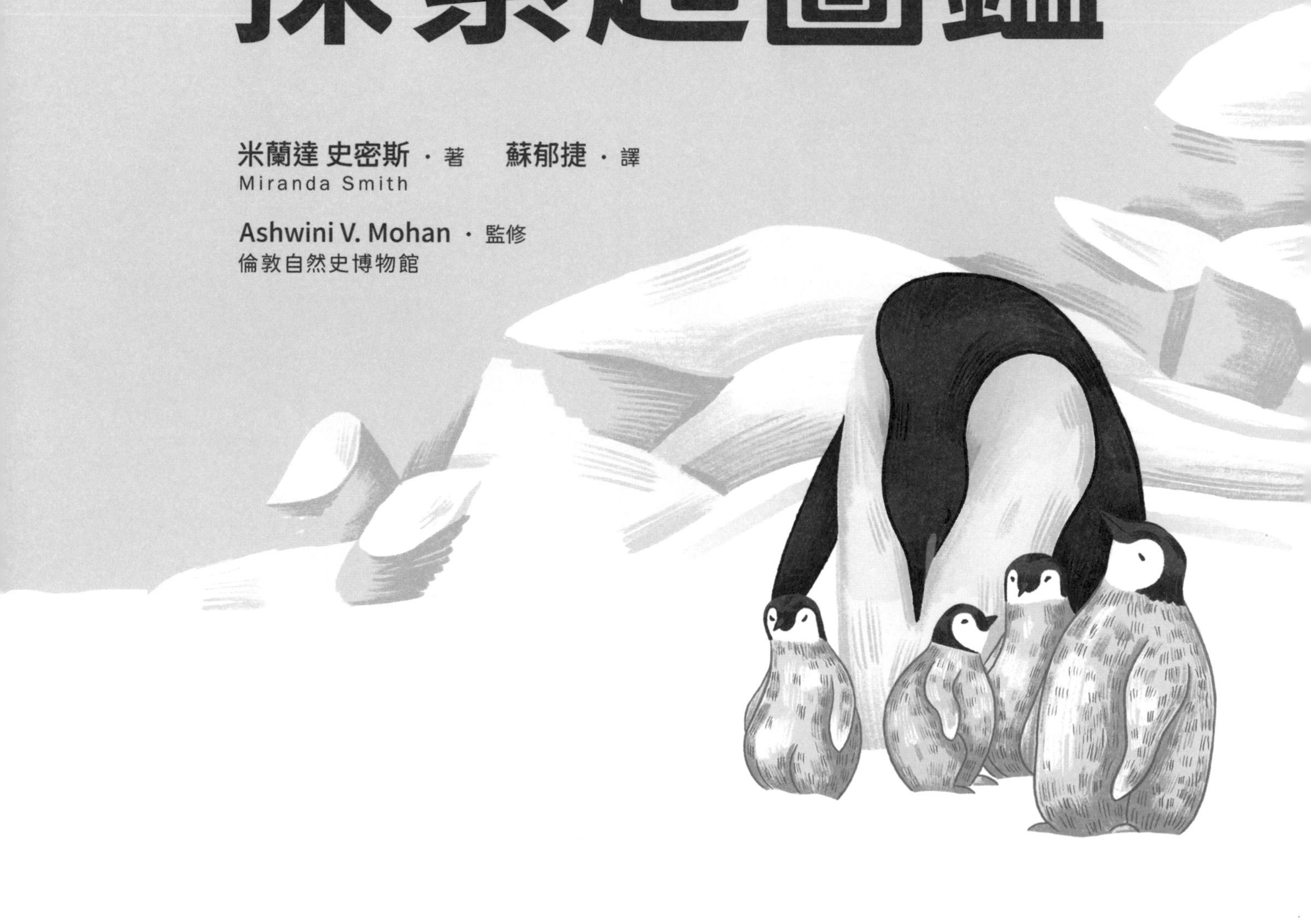

目　錄

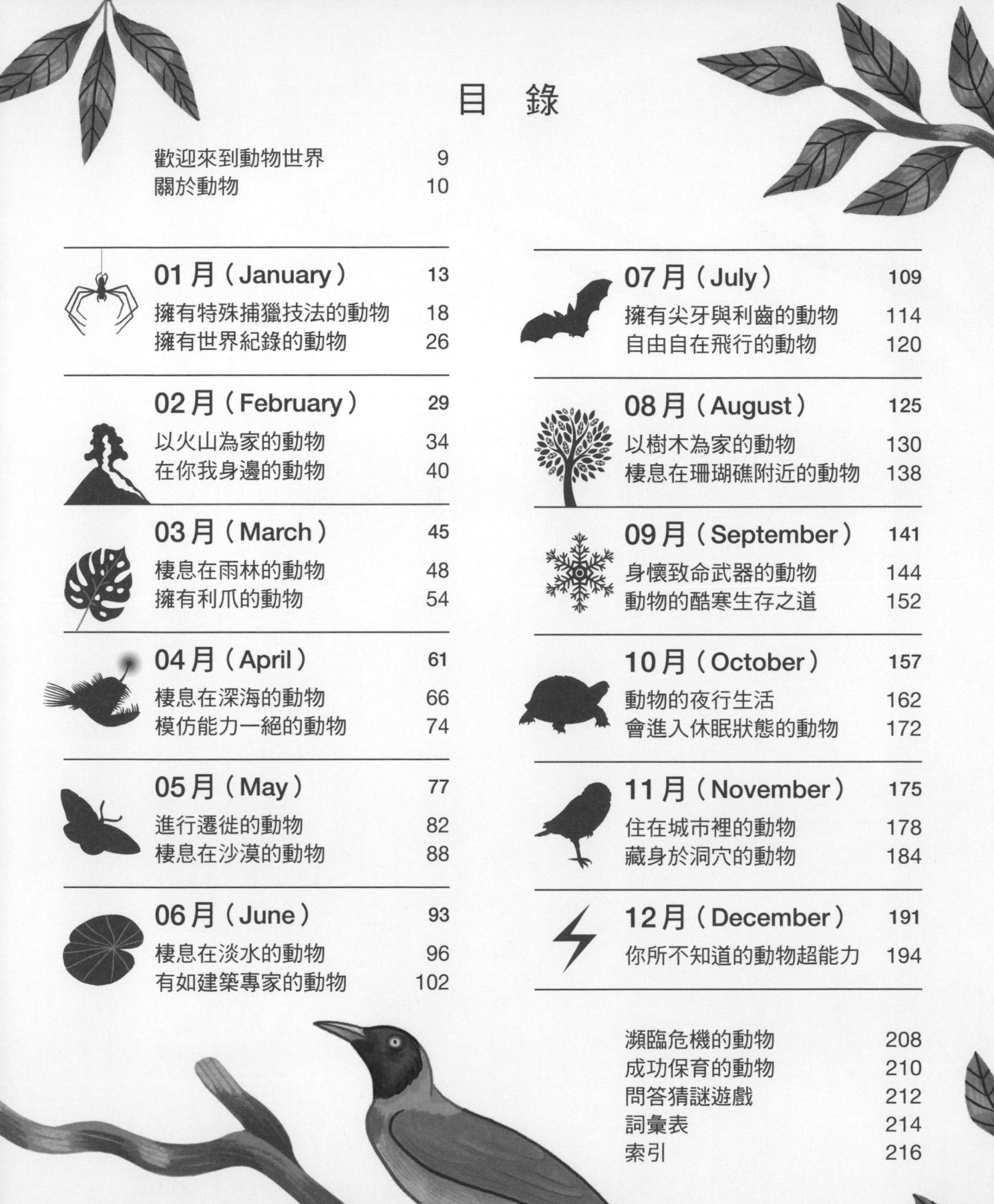

歡迎來到動物世界

從深海到高山、從沙漠到叢林、從原野到紅樹林、從海藻林到草原，地球上到處都有著動物們欣欣向榮的蹤跡。這本就是你的「動物日曆書」，可以每天認識一種動物，就這樣陪你度過一整年。你的生日那天是什麼動物呢？在盡情探索書中的動物之前，先試著跟你的家人、朋友和老師分享你的生日動物吧！

關於動物

動物是一種從食物中獲取能量、能感知周圍發生的事情，並對任何刺激做出快速反應的生物。大多數動物都是變溫動物，意思是這些動物無法自己產生體溫，只能依靠周圍環境來調節體溫；恆溫動物則是即使周遭環境很冷，也能自行產生身體熱能。動物主要分為脊椎動物和無脊椎動物這兩大類。

脊椎動物

脊椎動物是體內有脊椎的動物，並分類成以下5種主要類別：哺乳類、鳥類、兩棲類、爬蟲類和魚類。在主要生態系中，大型動物都是屬於脊椎動物，例如大象和藍鯨。

哺乳類

跟世界上許多動物一樣，人類也是屬於哺乳類的一種。哺乳動物是恆溫動物，身體上有絨毛或是毛髮，且會以乳汁餵養動物寶寶。

美洲野牛
（參閱p.197）

湯森大耳蝠
（參閱p.146）

鳥類

鳥類是唯一有羽毛的動物，大多數都會飛行，但也有例外。鳥類是恆溫動物，並且會產下硬殼的卵。

白頭海鵰
（參閱p.101）

鴕鳥
（參閱p.164）

爬蟲類

具有保護作用的鱗片或骨板包覆，這類動物需要生活在溫暖的棲息地。爬蟲類是變溫動物，通常會產下軟殼的卵。

綠蠵龜
（參閱p.138）

眼鏡凱門鱷
（參閱p.51）

兩棲類

兩棲類同時生活於陸地和水中，所以需要水或是潮濕的環境才能生存。牠們是變溫動物，並且會產下如同被果凍覆蓋的卵。

紅腹鈴蟾
（參閱p.159）

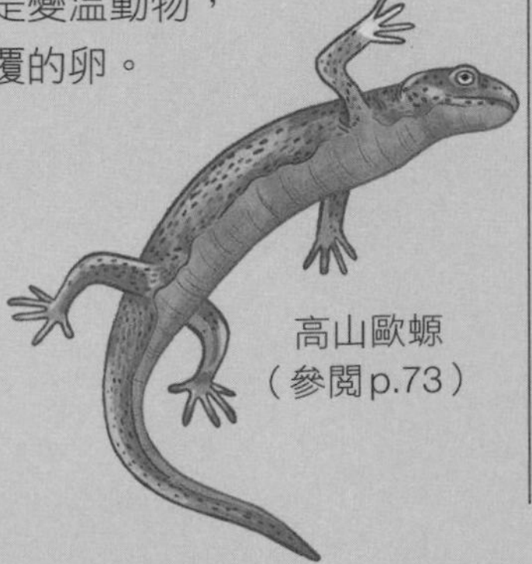

高山歐螈
（參閱p.73）

魚類

大多數魚類都有鱗片，並使用魚鰭在海水或淡水中游動，有時還能同時生活在兩種水域中。魚是變溫動物，並透過鰓進行呼吸。

羽鬚鰭飛魚
（參閱p.121）

條紋胡椒鯛
（參閱p.81）

無脊椎動物

在地球上，有至少97%的動物物種屬於無脊椎動物。牠們沒有脊梁骨，所以通常有著柔軟的身體，例如蠕蟲或水母，或是有稱之為外骨骼的堅硬外殼來覆蓋身體，例如螃蟹或甲蟲。

帝王斑蝶
（參閱p.82）

帝王蠍
（參閱p.155）

短角外斑腿蝗
（參閱p.106）

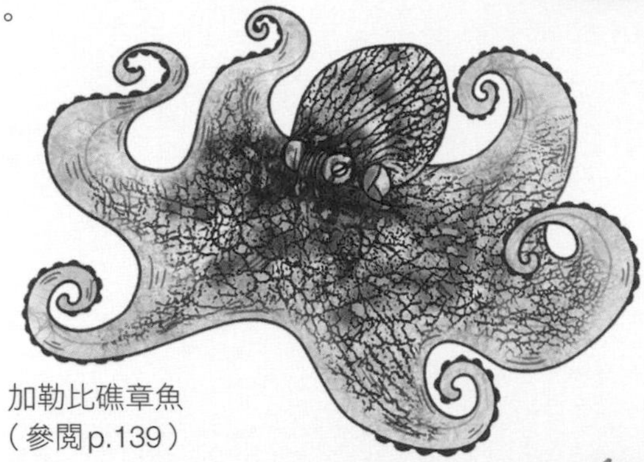

加勒比礁章魚
（參閱p.139）

探索不完的動物世界

在這世界上，無時無刻都有新的動物物種被發現。例如，2023年5月，科學家宣佈在太平洋未勘探區域，克拉里昂一克利珀頓區的海底發現了5,000個以上的新物種。同月，在東南亞湄公河地區也發現了90個新物種。

柬埔寨藍冠蜥蜴（Calotes goetzi），
新發現的物種。

追蹤動物數量

國際自然保護聯盟（IUCN）是由各國的相關機構和組織一起組成的國際合作聯盟，負責評估動物物種的保育狀況。本書每個動物的相關資訊中，都包含了IUCN的紅色名錄保護級別，紅色名錄可以用來檢視哪些動物正在面臨滅絕危險，並評列出以下的受脅程度：

極危－野生群種面臨極高的滅絕風險。
瀕危－野生群種滅絕的風險非常高。
易危－野生群種面臨滅絕的高風險。
近危－不久的將來會有瀕臨危險的風險。
無危—物種數量穩定。
數據缺乏—沒有足夠的資訊以評估風險。
未評估－尚未對該物種進行研究。

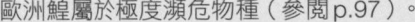

歐洲鰉屬於極度瀕危物種（參閱p.97）。

01月（ January ）

01/01
北極熊 Polar bear

北極熊媽媽正帶著牠的幼熊穿過周圍海域漸漸融化的冰層。牠在冬天的雪洞裡，生下北極熊寶寶，現在幼熊已經長大了，可以學習怎麼游泳、捕獵海豹和在寒冷中生存。牠們將待在北極熊媽媽的身邊，直到3歲左右。

學名	*Ursus maritimus*
類群	哺乳類
體長／體重	含尾部可達3.1公尺／700公斤
食性	肉食性：海豹、北極狐
分布	北極海
受脅程度	易危物種

01/02
安第斯動冠傘鳥 Tunki

這隻色彩艷麗的雄鳥是秘魯的國鳥，生活在安第斯山脈的雲霧森林中，以炫耀自己的羽毛來吸引雌鳥。牠會抬起頭冠，用嘎嘎聲和咕嚕聲正面迎戰其他的雄性競爭對手。雌鳥會用混有唾液的泥土，在岩石或懸崖上築巢，並由雌鳥獨自撫養幼鳥。

學名	*Rupicola peruvianus*
類群	鳥類
體長／體重	可達3.3公尺／300公克
食性	雜食性：水果、昆蟲、兩棲類、爬蟲類、老鼠
分布	南美洲西部
受脅程度	無危物種

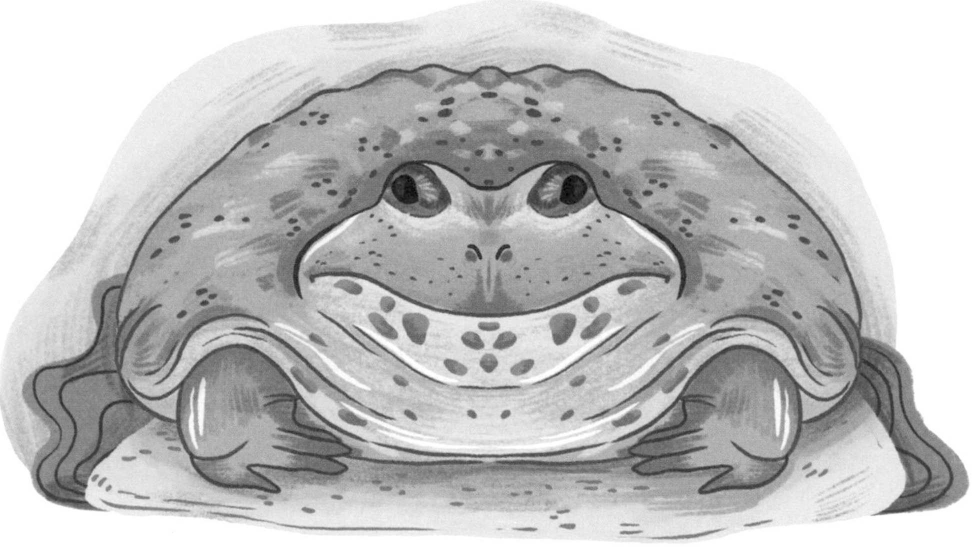

01/03
非洲霸王蛙 Goliath frog

快來認識世界上最大的青蛙！其重量跟寵物貓差不多，儘管看起來好像很笨重，但卻可以躍出驚人的3公尺距離，而且能在強大的水流中游泳，並在築巢時將重石搬移。巨諧蛙因為沒有聲囊，所以不能像其他青蛙一樣發出呱呱叫聲。

學名	*Conraua goliath*
類群	兩棲類
體長／體重	可達32公分／3.3公斤
食性	雜食性：昆蟲、甲殼類、魚
分布	西非
受脅程度	瀕危物種

01/04
大鰭礁魷魚 Bigfin reef squid

如果受到威脅，這種軟體動物可以在一秒內移動15公尺的距離！這是依靠噴射推進的原理（吸入水並在壓力下，透過叫做虹管的器官將其推出體外），而且虹管還可以噴出黑雲般的墨汁來保護自己。如果這些還不夠厲害，那麼牠還是個偽裝大師，能改變皮膚細胞成各種顏色來偽裝自己。

學名	*Sepioteuthis lessoniana*
類群	無脊椎動物
體長／體重	可達33公分／1.4公斤
食性	肉食性：魚、甲殼類
分布	印度洋、西太平洋
受脅程度	數據缺乏

01/05
漁貓 Fishing cat

這種貓擅長游泳和潛水，前腳具有半蹼，且皮膚表層有可以防水的短皮毛，並有覆蓋在外層的長毛。牠們具有鋒利的尖爪，但不像其他貓科動物可以將爪子縮回，因此能快速抓住棲息於灌木叢沼澤和紅樹林沼澤中的魚。

學名	*Prionailurus viverrinus*
類群	哺乳類
體長／體重	含尾部可達1.1公尺／6公斤
食性	肉食性：魚、蛙類
分布	南亞、東南亞
受脅程度	易危物種

01/06
披甲樹螽 Armoured ground cricket

又稱為盔甲蟋蟀，對這種蟋蟀來說，自我防衛可是習以為常的事。牠的身體佈滿刺，還擁有強大咬合能力，並可以透過摩擦翅膀邊緣來發出巨大聲音，甚至能從身體的縫隙中噴出血液。如果使用了這些方法後，仍是無法脫身，則會嘔吐在自己和掠食者身上。

學名	*Acanthoplus discoidalis*
類群	無脊椎動物
體長／體重	可達5公分
食性	雜食性：鳥、植物、昆蟲、水果
分布	非洲南部
受脅程度	無危物種

01/07
歐洲綠啄木鳥
Eurasian green woodpecker

與多數的啄木鳥不同，這種鳥以無脊椎動物為食，尤其是螞蟻，並會用10公分長的舌頭在地面舔食螞蟻。由於起伏大的飛行動作和如咯咯笑的鳥叫聲，在空中很容易被認出。這種鳥會鑽進樹裡築巢，並且雄鳥和雌鳥會一起照顧幼鳥。

學名	*Picus viridis*
類群	鳥類
展翅寬度／體重	含尾部可達34公分／220公克
食性	雜食性：昆蟲（螞蟻為主）、蠕蟲、松子、水果
分布	歐洲
受脅程度	無危物種

01/08
大尾虎鮫 Zebra shark

又稱豹紋鯊，這種鯊魚於出生時身上有條紋和些許斑點，但長大為成鯊後則沒有條紋，而是全身佈滿斑點。牠們棲息在熱帶水域的珊瑚礁帶，白天經常在淺海的沙底上休息，晚上則會更加活躍，跟在獵物後搖擺地追進狹窄的縫隙中。

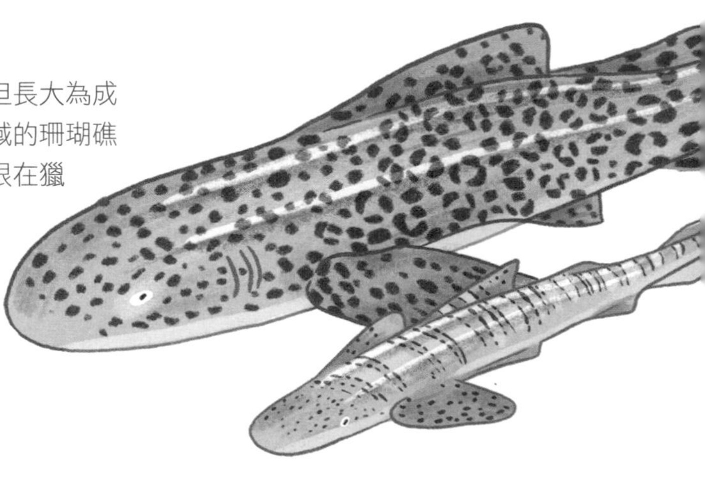

學名	*Stegostoma fasciatum*
類群	魚類
體長／體重	可達3.5公尺／20公斤
食性	雜食性：魚、螃蟹、海螺
分布	西太平洋、印度洋
受脅程度	瀕危物種

01/09

僧帽水母 Portuguese man o'war

擁有劇毒，又稱葡萄牙戰艦。僧帽水母其實不是單一個體的動物，而是由水螅體和水母體一起分工合作的動物群落：有些負責漂浮，有些捕捉獵物，有些負責進食，有些則是保護群體。僧帽水母會隨水波漂流或任由風向飄動，並藉由頂端一個充滿氣體的袋狀物，讓牠們可以保持漂浮在海面上。

學名	*Physalia physalis*
類群	無脊椎動物
體長／體重	可達30公分
食性	肉食性：小型魚類、甲殼類
分布	印度洋、大西洋
受脅程度	未評估物種

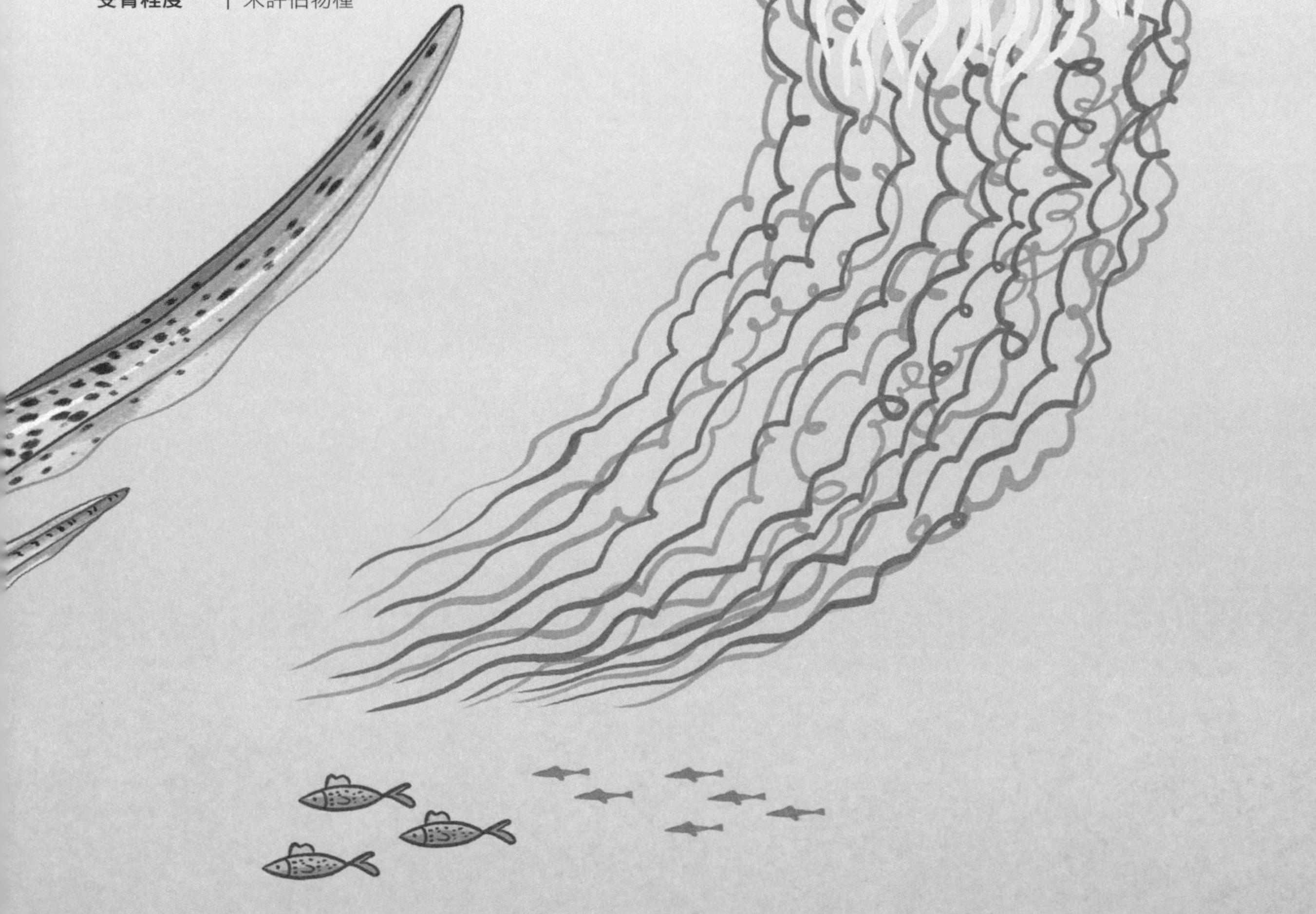

擁有特殊捕獵技法的動物

有些動物為了生存必須捕食狩獵，以提供身體所需要的能量。牠們一定得同時具備技巧和靈活度，才能成功捕食。不同的掠食動物發展出的捕食策略大相逕庭，有些十分創新，或甚至是獨一無二。

01/10

鬼面蛛 Ogre-faced spider

牠們會在夜間捕食，且有著比其他蜘蛛都大的眼睛。鬼面蛛會懸掛在網上，並會有一張「捕食網」掛在前3對步足上，準備伺機拋向任何經過的步行或飛行獵物。

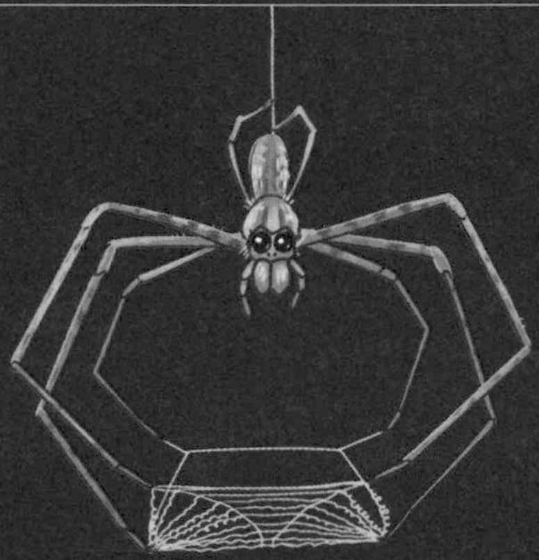

學名	*Deinopis spinosa*
類群	無脊椎動物
體長	可達 1.7 公分
食性	肉食性：蟋蟀、甲蟲和其他蜘蛛
分布	北美洲、南美洲
受脅程度	未評估物種

01/11

射水魚 Banded archerfish

射水魚以獨樹一格的方式捕食昆蟲獵物。牠們利用舌頭頂住上顎，並關閉魚鰓蓋，以射出達2公尺遠的水柱。這種魚也會躍出水面，從空中捕捉昆蟲。

學名	*Toxotes jaculatrix*
類群	魚類
體長／體重	可達30公分／2.3公斤
食性	雜食性：昆蟲、魚、植物
分布	東南亞、澳洲北部
受脅程度	無危物種

01/12

電鰻 Electric eel

電鰻生活在亞馬遜河和奧利諾科河的泥水中。牠們為了擊暈獵物，可以釋放高達800伏特的電荷，遠勝於一般住屋的供電電壓240伏特。

學名	*Electrophorus electricus*
類群	魚類
體長／體重	可達2.5公尺／20公斤
食性	雜食性：魚、甲殼類、昆蟲、小型兩棲類、爬蟲類和哺乳類
分布	南美洲北部
受脅程度	無危物種

01/13
美洲小豹貓 Margay

美洲小豹貓能模仿小花狨猴狩獵時的聲音，科學家表示，這是首次野貓物種模仿獵物的叫聲被人記錄下來。牠們像是聰明的獵人般，可以從樹上直衝而下捕捉任何引起興趣的獵物。

學名	*Leopardus wiedii*
類群	哺乳類
體長／體重	含尾部可達1.3公尺／4公斤
食性	雜食性：小型哺乳類、鳥、爬蟲類、兩棲類、水果
分布	中南美洲
受脅程度	近危物種

01/14
北極狐 Arctic fox

雖然在冬天的苔原上很難找到食物，但北極狐能利用敏銳聽覺來追蹤地下的旅鼠等小型囓齒動物。一旦發現獵物，牠們便會高高躍起，直直地跳入雪地裡！

學名	*Vulpes lagopus*
類群	哺乳類
體長／體重	含尾部可達1.1公尺／3.5公斤
食性	肉食性：小型哺乳類、海鳥類、魚、年幼海豹
分布	北極
受脅程度	無危物種

01/15
蘭花螳螂 Orchid mantis

其顏色與蘭花相同，甚至有著花瓣狀的足部，因此與腳下的雨林蘭花完美地融為一體。蘭花螳螂會不動聲色耐心等待，當昆蟲接近花朵授粉時，再以閃電般的速度進行攻擊。

學名	*Hymenopus coronatus*
類群	無脊椎動物
體長／體重	可達7公分
食性	肉食性：蟋蟀、蝴蝶、蛾
分布	東南亞
受脅程度	易危物種

01/16
獅子 Lion

當獅子在捕獵大型獵物時，有時會一起工作，因為這樣可以提高獵捕成功機會。有些母獅會圍成圓圈狀，以逼近一群牛羚或斑馬（參閱p.193），再一舉出擊，把獵物追趕往躲在附近草叢中的其他母獅，有時公獅也會一同參與狩獵行動。

學名	*Panthera leo*
類群	哺乳類
體長／體重	含尾部可達4公尺／250公斤
食性	肉食性：牛羚、斑馬、瞪羚、羚羊、野豬
分布	非洲（撒哈拉以南地區）
受脅程度	易危物種

01/17
斑紋牛羚 Blue wildebeest

斑紋牛羚在非洲平原上相當艱辛地生活著，因為牠們是獅子、獵豹、獵犬和斑鬣狗（參閱p.115）最喜歡的獵物之一。不過，牛羚並非沒有防禦能力，牠們習慣成群結隊移動，奔跑時速可達80公里，而且有著彎曲的鋒利頭角，可以有效地抵禦掠食者。

學名	*Connochaetes taurinus*
類群	哺乳類
體長／體重	含尾部可達3.2公尺／280公斤
食性	草食性：草、植物、樹葉
分布	非洲南部及東部
受脅程度	無危物種

01/18

戴勝 Hoopoe

又稱墓壙鳥，其翅膀上有令人驚豔的黑白條紋，而當興奮或著陸時，會揚起獨特的羽冠。戴勝會用長而彎曲的喙，在草叢中尋找蟲子和蠕蟲。其英文名「Hoopoe」取自其輕柔的叫聲，在尋找配偶時，會以歌聲對決來擊退對手。

學名	*Upapa epops*
類群	鳥類
展翅寬度／體重	46公分／85公克
食性	雜食性：昆蟲、蠕蟲、蜘蛛、莓果、種子
分布	歐洲、亞洲、非洲
受脅程度	無危物種

01/19

犰狳環尾蜥 Armadillo girdled lizard

除了全身覆蓋著刺和鱗片外，這種蜥蜴在受到威脅時還藏著另一個妙招，就是把尾巴咬進嘴裡，並把自己捲成一顆球，好讓掠食者不知如何繼續進行攻擊。犰狳環尾蜥會生活在山坡上的砂岩縫隙中。

學名	*Ouroborus cataphractus*
類群	爬蟲類
體長／體重	含尾部可達20公分／7.7公斤
食性	雜食性：昆蟲、蜘蛛、蠍子、植物
分布	南非西部
受脅程度	近危物種

01/20
長角牛魚 Longhorn cowfish

由於身形緣故，所以又被稱為角箱魨。如果受到攻擊，長角牛魚會透過皮膚散發毒素，且會捕食破壞珊瑚的無脊椎動物，以保護所居住的珊瑚礁區域。

學名	*Lactoria cornuta*
類群	魚類
體長／體重	可達45公分／150公克
食性	雜食性：海綿、綠藻、軟體動物、甲殼類、蠕蟲
分布	印度太平洋
受脅程度	未評估物種

01/21
獐 Chinese water deer

又稱中國水鹿，是原生於中國和韓國的小型亞洲鹿，生活在蘆葦叢中，並奔走於河流沿岸以及沼澤草原，也擅於游泳。雄鹿沒有鹿角，但會用獠牙作為武器，擊退其他雄鹿並保護自己。雖為獨居動物，但察覺危險時，會發出吠叫聲，以警告其他的同類。

學名	*Hydropotes inermis*
類群	哺乳類
體長／體重	可達1公尺／18公斤
食性	草食性：雜草、草、樹葉
分布	亞洲
受脅程度	易危物種

01/22
德州珊瑚蛇 Eastern coral snake

德州珊瑚蛇十分神秘，大部分時間都躲在岩石下或洞穴中。於白天在地面上捕食，被咬到的獵物會立刻被劇毒麻痺。當蛇寶寶孵化時，僅有18公分長，但卻已完全具備毒性，並能馬上進行捕獵行動。

學名	*Micrurus fulvius*
類群	爬蟲類
體長／體重	可達1.2公尺／2.3公斤
食性	肉食性：蜥蜴、其他蛇種、鳥類、青蛙、魚、昆蟲
分布	北美洲東南部
受脅程度	無危物種

01/23

麋ㄇㄧˊ鹿ㄌㄨˋ Moose

在北美被稱為「駝鹿」，在歐洲和亞洲則被稱為「麋鹿」，是世界上最大且最重的鹿種。公鹿的鹿角延展可達2公尺長，可以用來吸引母鹿，並擊退其他的公鹿競爭對手，偶爾還能當作擊退掠食者的武器。在冬天時，27公斤的鹿角會脫落，讓公鹿得以儲存能量，並於春天再長出新鹿角。

學名	*Alces alces*
類群	哺乳類
體長／體重	可達3.1公尺／700公斤
食性	草食性：水生植物、草、灌木、樹葉
分布	北美洲北部、歐洲、亞洲
受脅程度	易危物種

01/24

印度狐蝠 Indian flying fox

這種「狐狸」之所以能飛行，是因為牠其實是狐面蝙蝠！這是世界上最大的蝙蝠之一。 於白天，會與數百隻同類倒掛在棲息地；於夜晚，會行動去尋找食物。為了尋找無花果、芒果和香蕉等成熟水果以及花蜜，牠們每晚平均移動30公里，甚至能飛更遠的距離。印度狐蝠會用翅膀沾取河裡的水喝，也喝樹葉裡的雨水。

學名	*Pteropus medius*
類群	哺乳類
體長／體重	可達1.5公尺／2公斤
食性	草食性：水果、花、花蜜
分布	南亞
受脅程度	無危物種

01/25

非洲漁鵰 African fish eagle

又稱為吼海鵰，牠會張開爪子猛撲向水面抓起魚隻，並把獵物抓到棲息處或巢穴處食用。除了魚之外，還會捕食鴨子、水龜、小紅鸛（參閱p.35），也會偷取蒼鷺（參閱p.96）等其他鳥類的食物。

學名	*Haliaeetus vocifer*
類群	鳥類
體長／體重	可達2.5公尺／3.6公斤
食性	肉食性：主食為魚，其他為水禽
分布	非洲（薩哈拉以南地區）
受脅程度	無危物種

擁有世界紀錄的動物

世界上充滿了令人驚嘆的奇妙野生動物，不論牠們是為了覓食、尋找配偶或僅是為了生存，這些動物具備的特殊能力使牠們成為世界紀錄保持者，現在就來看看這些成就非凡的動物吧！

01/26

北極燕鷗 Arctic tern

北極燕鷗是鳥類最長遷徙距離的紀錄保持者。每年都會從北極圈繁殖地出發，南下至南極覓食，接著再折返，一趟來回的總里程數為80,470公里。

學名	*Sterna paradisaea*
類群	鳥類
展翅寬度／體重	可達85公分／120公克
食性	肉食性：主食為魚，也吃甲殼類、昆蟲
分布	經由歐洲和非洲，橫跨北極和南極洲
受脅程度	無危物種

01/27

黑背信天翁 Laysan albatross

屬於大型海鳥，每天在海上滑行數百公里，卻幾乎不需要拍動翅膀。黑背信天翁是所有鳥類中壽命最長的，牠們每年都會繁殖，有記錄顯示曾有一隻高齡70歲的黑背信天翁還下了蛋。

學名	*Phoebastria immutabilis*
類群	鳥類
展翅寬度／體重	可達2公尺／4.1公斤
食性	肉食性：主食為魷魚、魚
分布	北太平洋
受脅程度	近危物種

01/28

雨傘旗魚 Indo-Pacific sailfish

雨傘旗魚是短距離移動速度最快的魚類，據記錄其移動速度為時速109公里。牠們可以拉下巨大的背帆鰭，並收起兩個胸鰭使身體呈流線型，讓自己在水中追捕沙丁魚等獵物時，能迅速移動。

學名	*Istiophorus platypterus*
類群	魚類
體長／體重	可達3.4公尺／100公斤
食性	肉食性：頭足類、魚
分布	印度洋、太平洋、大西洋
受脅程度	易危物種

01/29
無尾熊 Koala

無尾熊每天能睡上18小時，是最會睡覺的有袋動物。牠們以尤加利葉為食，且每天進食不超過800克。這樣的食量產生極少的能量，因此需要透過睡眠來保存體力。

學名	*Phascolarctos cinereus*
類群	哺乳類
體長／體重	可達85公分／12公斤
食性	草食性：主食為尤加利葉，也吃白千層樹和灌木叢樹
分布	澳洲
受脅程度	易危物種

01/30
獵豹 Cheetah

每秒可跑出四個7公尺的大步，其修長的身體和為速度而生的長腿，可知獵豹就是天生的賽跑專家！牠們是陸地上短距離跑得最快的哺乳動物，時速可高達104.4公里。

學名	*Acinonyx jubatus*
類群	哺乳類
體長／體重	含尾部可達2.2公尺／65公斤
食性	肉食性：羚羊、疣豬、大羚羊、野鳥、兔子
分布	非洲
受脅程度	易危物種

01/31
中國大鯢 Chinese giant salamander

又稱為中國娃娃魚，是世界上最大的兩棲動物，也可說是一種活化石，因為牠們的近親物種可以追溯至恐龍時代。中國大鯢生活在水流湍急的河流中，因為沒有鰓，所以是透過皮膚從水中吸收氧氣。

學名	*Andrias davidianus*
類群	兩棲類
體長／體重	含尾部可達1.7公尺／50公斤
食性	肉食性：蠕蟲、昆蟲、魚、青蛙
分布	東亞
受脅程度	極危物種

02月ㄩㄝˋ（ February ）

02/01

灣ㄨㄢ鱷ㄜˋ Saltwater crocodile

灣鱷是相當危險且裝備精良的殺手。下顎排列圓錐形牙齒，有些牙齒長度甚至超過10公分，擁有咬合力最強的下顎。可以在陸地上短距離衝刺，在水中更是一個強大的游泳高手。灣鱷會出沒在淡水河流、河口、紅樹林沼澤以及大洋，牠們通常只露出眼睛並漂浮於岸邊，耐心等待如水牛般的大動物來喝水，再猛然地抓住這些獵物。

學名	*Crocodylus porosus*
類群	爬蟲類
體長／體重	可達7公尺／1.2噸
食性	肉食性：水牛、猴子、野豬、袋鼠
分布	澳洲、南亞、東南亞
受脅程度	無危物種

02/02

螺ㄌㄨㄛˊ鳶ㄩㄢ Snail kite

螺鳶十分喜愛吃福壽螺（俗稱大蘋果螺），當福壽螺從河流或沼澤中浮出水面呼吸時，就會馬上進行捕食。用單腳抓住獵物後，會返回棲息地，並用鉤狀喙將螺肉從殼中取出。

學名	*Rostrhamus sociabilis*
類群	鳥類
展翅寬度／體重	可達1.2公尺／570公克
食性	肉食性：主食為大型淡水螺
分布	中南美洲、北美洲南部
受脅程度	無危物種

02/03

花ㄏㄨㄚ栗ㄌㄧˋ鼠ㄕㄨˇ Least chipmunk

從背部條紋與長尾巴來看，此種花栗鼠屬中最小的成員很容易被辨認。臉的兩側有可以裝食物的頰囊袋子，可以把食物帶回洞穴儲存過冬。當天氣變冷時，花栗鼠會進入稱為「蟄伏」的半冬眠狀態，偶而會醒來吃存放在窩裡的食物。

學名	*Neotamias minimus*
類群	哺乳類
體長／體重	含尾部可達22公分／55公克
食性	草食性：種子、堅果、水果、莓果
分布	北美洲
受脅程度	無危物種

02/04
赫曼陸龜 Hermann's tortoise

和所有烏龜一樣，赫曼陸龜也有一個骨殼，其圓頂頂部稱為「甲殼」，下方平坦層稱為「腹甲」，甲殼上覆蓋的一層則是稱為「盾片」的連接片，這些都是由角蛋白製成，角蛋白也是形成人類頭髮和指甲的物質。牠們活躍於白天，天氣炎熱時會利用嗅覺尋找食物和庇護所，在冬天則會冬眠（參閱p.172-173）。

學名	*Testudo hermanni*
類群	爬蟲類
體長／體重	可達28公分／4公斤
食性	草食性：水果、香草、莓果、花、樹葉
分布	南歐、西亞
受脅程度	近危物種

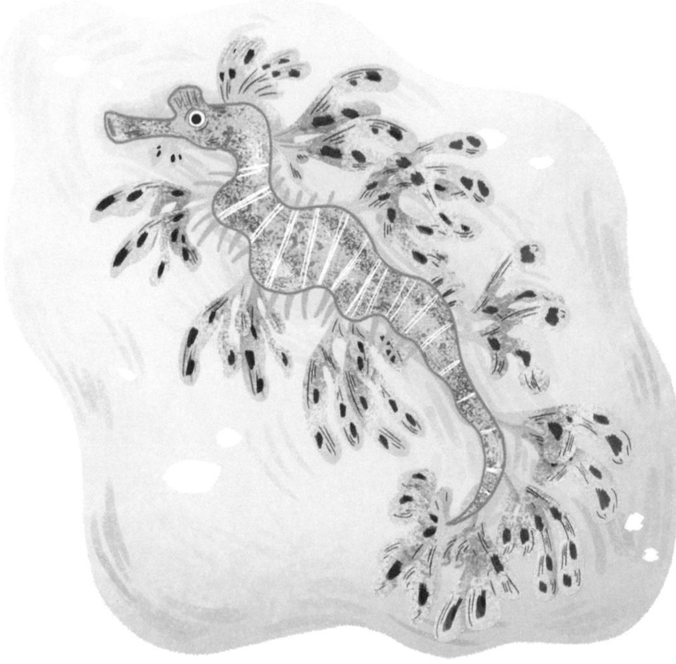

02/05
葉形海龍 Leafy seadragon

這隻擁有硬殼的魚種，在頭部和身體上有著連葉狀的鰭，所以在長滿海帶的海域有相當優良的偽裝能力。葉形海龍靠著推動鰭在水中直立移動，也因為沒有胃，因此必須不斷進食才能生存，牠們會用像吸管般的管狀嘴吸取食物。

學名	*Phycodurus eques*
類群	魚類
體長／體重	可達35公分／115公克
食性	雜食性：主食為蝦，也吃浮游生物和幼蟲
分布	澳洲南岸及西岸海域
受脅程度	無危物種

02/06
藍箭毒蛙 Blue poison frog

有如大多數的毒蛙，身上的鮮豔顏色具有警告作用。如果鮮豔的顏色起不了作用，皮膚還含有毒素，可以麻痺或殺死掠食者。藍箭毒蛙生活在蘇利南和巴西北部的雨林中，會藏身於溪流附近的岩石和苔蘚下，也能在樹上找到牠們的蹤影。

學名	*Dendrobates tinctorius*
類群	兩棲類
體長／體重	含尾部可達4.5公分／8公克
食性	肉食性：螞蟻、白蟻、甲蟲
分布	南美洲
受脅程度	無危物種

02/07
大王魷 Giant squid

是世界上最大的頭足類動物（一種觸手附著在頭部的軟體動物）。其眼睛直徑約為30公分，8隻粗大的觸手中央有一個鋒利的喙，可以把獵物切成一口大小的碎片。人們對這種異於尋常的生物知之甚少，因為很少人真正見過。

學名	*Architeuthis dux*
類群	無脊椎動物
體長／體重	可達20公尺／1公噸
食性	肉食性：魚、其他烏賊
分布	全球海洋
受脅程度	無危物種

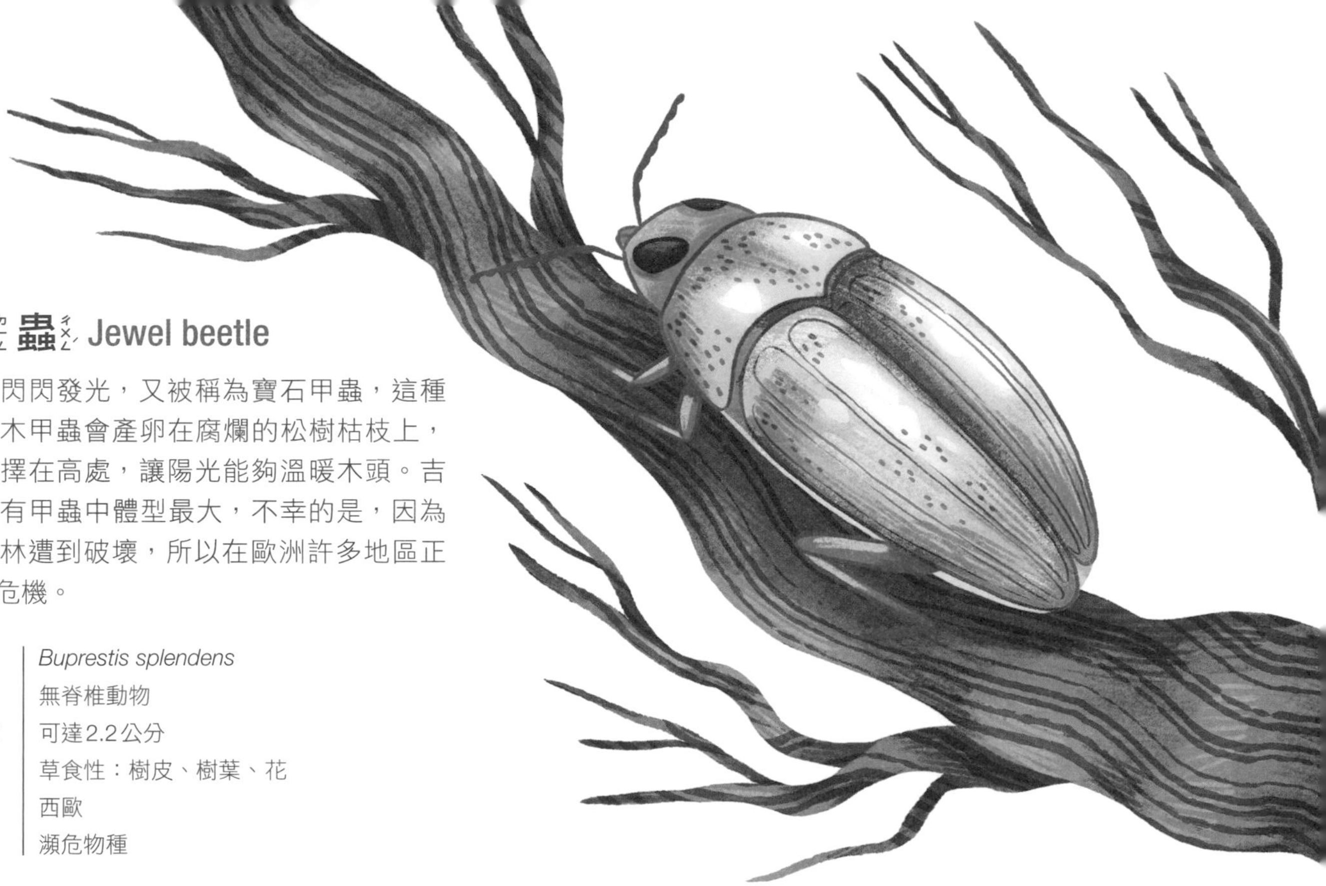

02/08
吉丁蟲 Jewel beetle

因為顏色閃閃發光，又被稱為寶石甲蟲，這種美麗的蛀木甲蟲會產卵在腐爛的松樹枯枝上，尤其會選擇在高處，讓陽光能夠溫暖木頭。吉丁蟲為所有甲蟲中體型最大，不幸的是，因為所處的森林遭到破壞，所以在歐洲許多地區正面臨滅絕危機。

學名	*Buprestis splendens*
類群	無脊椎動物
體長／體重	可達2.2公分
食性	草食性：樹皮、樹葉、花
分布	西歐
受脅程度	瀕危物種

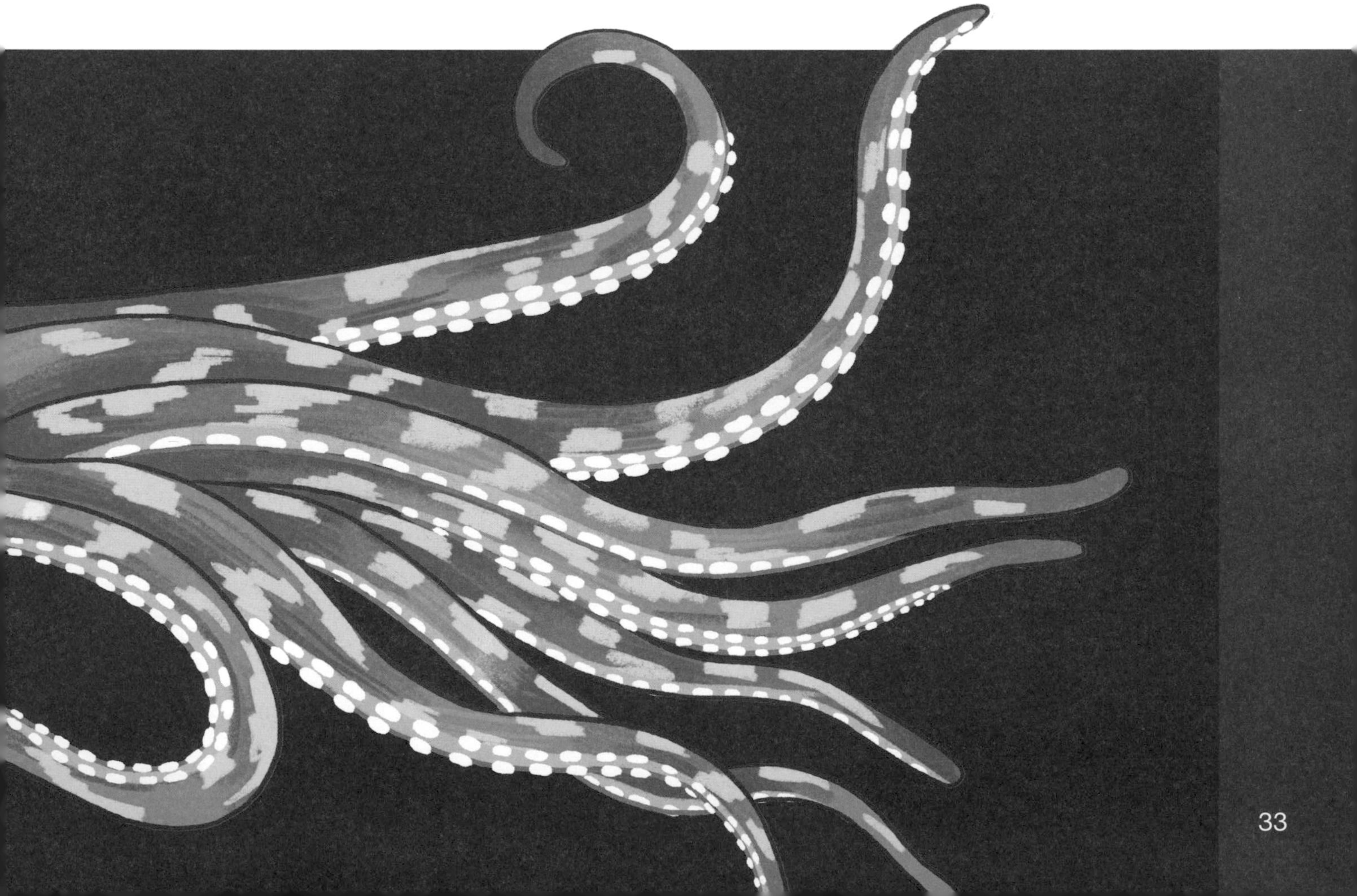

以火山為家的動物

有些動物居住在地球的極端環境中，甚至是生活在活躍的火山附近。以下所介紹的動物，都是來自隨時可能因為火山爆發而被摧毀的險峻棲息地。

02/09
緩步動物 Tardigrade

又稱為水熊蟲，是地表最強的動物界生存者。有著堅韌的生命力且適應性強，不僅可以在活躍的熔岩原中生存，還能在南極冰川和太空中生存！

學名	*Macrobiotus sapiens*
類群	無脊椎動物
體長／體重	可達1.2毫米
食性	雜食性：植物細胞、藻類、小型無脊椎動物
分布	全球
受脅程度	未評估物種

02/10
夏威夷蓬毛蝠
Hawaiian hoary bat

這隻獨行的夜行性獵人，出沒在夏威夷所有的主要火山島嶼。白天會棲息在山頂附近的樹木、洞穴或熔岩管中。

學名	*Lasiurus semotus*
類群	哺乳類
展翅寬度／體重	可達43公分／18公克
食性	肉食性：蛾、甲蟲、蟋蟀、白蟻
分布	夏威夷群島
受脅程度	未評估物種

02/11
龐貝蟲 Pompeii worm

龐貝蟲生活在深海中與熱液噴口相連的管道中，這些噴口會利用岩漿加熱海水，而龐貝蟲可以忍受高達80℃的高溫！

學名	*Alvinella pompejana*
類群	無脊椎動物
體長／體重	可達15公分
食性	雜食性：細菌
分布	太平洋
受脅程度	未評估物種

02/12
粉紅陸鬣蜥
Galapagos pink land iguana

全球只剩200隻粉紅陸鬣蜥，牠們全都生活在伊莎貝拉島上的一座火山腳下，這座火山一直很活躍，最後一次噴發是在2015年。與所有爬蟲類一樣，粉紅陸鬣蜥是變溫動物並且需要靠近熱源，因此會在火山岩上曬太陽。

學名	*Conolophus marthae*
類群	爬蟲類
體長／體重	可達1公尺／7公斤
食性	草食性：植物、草、仙人掌
分布	加拉巴哥群島
受脅程度	極危物種

02/13
小紅鸛 Lesser flamingo

坦尚尼亞的納特龍湖靠近一座非洲活火山，充滿鹽分的水域對野生動物來說十分致命，但卻是75%小紅鸛的生活棲息地。其特殊堅韌的皮膚和腿部的鱗片可以防止燒傷，牠們甚至可以飲入接近沸點的水，並吃下有毒的藻類，因為鼻腔具有過濾鹽分的功能。

學名	*Phoeniconaias minor*
類群	鳥類
展翅寬度／體重	可達1.2公尺／2公斤
食性	雜食性：藍綠藻、矽藻、輪蟲
分布	非洲東部及南部、亞洲
受脅程度	近危物種

02/14
嗜血地雀 Vampire ground finch

嗜血地雀住在偏遠的沃爾夫火山和達爾文島，那裡通常難以找到食物和水。如果附近有種子和昆蟲就會以此為食，若沒有就會喝藍腳鰹鳥（參閱p.105）的血。

學名	*Geospiza septentrionalis*
類群	鳥類
展翅寬度／體重	可達22公分／20公克
食性	雜食性：種子、昆蟲、血液
分布	加拉巴哥群島
受脅程度	易危物種

02/15

皇帝企鵝 Emperor penguin

在南極冰凍的海洋上，公企鵝有4個月的時間，都在零下50℃低溫和時速高達200公里的強風中，保護著牠們的蛋和小企鵝。牠們會各自照顧一顆蛋直至孵化，緊緊依偎成群，並輪流站到最外圈抵禦寒風。公企鵝會持續待在岸上，直至母企鵝從海裡回來，接管餵養雛鳥並讓小企鵝保持溫暖。

學名	*Aptenodytes forsteri*
類群	鳥類
體長／體重	可達1.2公尺／40公斤
食性	肉食性：魚、磷蝦、魷魚
分布	南極
受脅程度	近危物種

02/16
非洲冕豪豬 Crested porcupine

這是世界上最大的囓齒動物，因為視力不佳，所以得依靠聽覺和嗅覺，其全身也覆蓋鋒利的棘刺以嚇阻掠食者。如果受到威脅，會打顫牙齒並發出異味，接著轉身豎起棘刺，讓自己的體型看起來更龐大，再倒著衝撞過去，用棘刺攻擊掠食者。

學名	*Hystrix cristata*
類群	哺乳類
體長／體重	含尾部可達1.1公尺／30公斤
食性	雜食性：樹皮、根、球莖、昆蟲
分布	非洲、南歐
受脅程度	無危物種

02/17
美洲豹貓 Ocelot

雖然豹貓看起來很像家貓，但體型卻有家貓的2倍大，也是絕佳的登山和游泳高手。大多在夜間活動，利用敏銳聽覺和極好視力，在叢林和森林裡捕捉各種獵物。豹貓不咀嚼食物，牠們會將肉撕成碎片，再整塊吞下。

學名	*Leopardus pardalis*
類群	哺乳類
體長／體重	含尾部可達1.5公尺／16公斤
食性	肉食性：兔子、囓齒動物、蜥蜴、魚、青蛙
分布	北美洲南部、中南美洲
受脅程度	無危物種

02/18
越南巨人蜈蚣 Vietnamese giant centipede

此種熱帶蜈蚣體型龐大，足部顏色鮮豔，且足部末端有鋒利爪子。牠們在森林地面移動速度非常快，會用兩個前爪制服獵物，並向獵物注入毒液，或用來防禦捕食者。越南巨人蜈蚣在白天會棲息在石頭、腐爛木頭或鬆散的樹皮下方。

學名	*Scolopendra dehaani*
類群	無脊椎動物
體長	可達20公分
食性	肉食性：昆蟲、蜘蛛、其他蜈蚣
分布	南亞、東亞
受脅程度	未評估物種

02/19
姬鴞 Elf owl

此種小型短尾貓頭鷹生活在沙漠或乾燥地區，是索諾蘭沙漠中最小的貓頭鷹，經常在離地面10公尺高的仙人掌洞中築巢。如同其他貓頭鷹，於夜間捕獵，主要以昆蟲為食，但也會吃蠍子和小蜥蜴。如果受到威脅，姬鴞會裝死來誘使其他貓頭鷹、蛇或山貓等掠食者放棄，這樣便能趁機逃脫。若有入侵者靠近巢穴，也會發出響亮的叫聲並拍打鳥喙，以達到嚇阻作用。

學名	*Micrathene whitneyi*
類群	鳥類
展翅寬度／體重	可達33公分／50公克
食性	肉食性：蛾、蟋蟀、蠍子、甲蟲
分布	北美洲南部
受脅程度	無危物種

在你我身邊的動物

除了和你住在一起的家人以外，是否曾經觀察過也與你同住的動物呢？有些動物可能只是你沒有察覺到，有的動物則是一年拜訪你家一次，或也有可能是頻繁造訪的常客。試著仔細聽聽看，說不定你能聽見牠們出沒的聲響喔！

02/20
家燕 Barn swallow

燕子每年都會遷徙（參閱p.82-83）到同一個地方撫養雛鳥。許多燕子會選擇在屋簷下或穀倉裡，利用泥土和稻草建造出杯形的巢。

學名	*Hirundo rustica*
類群	鳥類
展翅寬度／體重	可達35公分／25公克
食性	肉食性：飛蟲、甲蟲
分布	全球（除了南極洲）
受脅程度	無危物種

02/21
棕色遁蛛 Brown recluse spider

因為頭上有一個小提琴形狀的花紋，所以又稱為提琴蜘蛛。此種是有毒蜘蛛，喜歡溫暖的地方，例如抽屜內、家具後面。

學名	*Loxosceles reclusa*
類群	無脊椎動物
展足寬度／體重	可達3.7公分／5公克
食性	肉食性：小型昆蟲、其他蜘蛛
分布	北美洲
受脅程度	未評估物種

02/22
浣熊 Northern raccoon

這種獨來獨往的夜行性哺乳動物，喜歡城市的生活、花園和公園。如果聽到屋頂上有重擊聲，有可能是浣熊在屋頂上或正偷溜進閣樓裡築巢。

學名	*Procyon lotor*
類群	哺乳類
體長／體重	含尾部可達1公尺／12公斤
食性	雜食性：水果、堅果、蛋、幼鳥、青蛙、蠕蟲、垃圾
分布	北美洲
受脅程度	無危物種

02/23
疣尾蝎虎 Common house gecko

牠們會被電燈吸引，因為可以捕獵亮光周圍發現的昆蟲。疣尾蝎虎可以爬上牆壁，也可以倒掛在天花板，因為腳趾根部覆蓋著被稱為「剛毛」的細小黏性毛髮，能讓牠們附著在各種表面。

學名	*Hemidactylus frenatus*
類群	爬蟲類
體長／體重	可達15公分／70公克
食性	肉食性：蟋蟀、果蠅、蠶
分布	東南亞
受脅程度	無危物種

02/24
家鼷鼠 House mouse

是所有囓齒動物中最常見的一種，大多數房屋都曾經有老鼠住過。牠們一年最多可以生下14窩幼鼠，一窩12隻，是相當可觀的數量！

學名	*Mus musculus*
類群	哺乳類
體長／體重	含尾部可達20公分／30公克
食性	雜食性：種子、樹葉、昆蟲、腐肉
分布	全球（除了南極洲）
受脅程度	無危物種

02/25
普通家蝠 Common Pipistrelle

夏季時，這些小蝙蝠在白天棲息，黃昏時捕食昆蟲；冬季時，牠們會進入冬眠（參閱p.172-173），有時會在溫暖的屋頂空間裡，聚集成小群體冬眠。

學名	*Pipistrellus pipistrellus*
類群	哺乳類
展翅寬度／體重	可達23公分／9公克
食性	肉食性：蒼蠅、草蛉、蚊子
分布	歐洲、北非、南亞
受脅程度	無危物種

02/26

黑曼巴蛇 Black mamba

速度快、攻擊性強且致命，是一種非常危險的蛇，也是世界上最毒的蛇之一。之所以被稱為「黑」，是因為嘴裡是黑色的，並且在受到威脅時會露出。黑曼巴蛇的移動速度每小時可達20公里，兩滴毒液即可致人於死地。

學名	*Dendroaspis polylepis*
類群	爬蟲類
體長／體重	可達4.3公尺／1.6公斤
食性	肉食性：小型哺乳類、鳥
分布	非洲（薩哈拉以南地區）
受脅程度	無危物種

02/27

叉角羚 Pronghorn

雄性的頭上有黑色、分岔且向內彎曲的角，是這一鹿類哺乳動物所獨有的，其長度可達50公分，而雌性的角則較短且通常是直的。叉角羚是陸地上速度第二快的動物，僅次於獵豹（參閱p.27），在受到狼或美洲獅等掠食者驚嚇時，奔跑時速可達100公里。

學名	*Antilocapra americana*
類群	哺乳類
體長／體重	含尾部可達1.5公尺／65公斤
食性	草食性：草、灌木、花、水果
分布	北美洲
受脅程度	無危物種

02/28
三趾鷗 Black-legged kittiwake

這些中型海鷗棲息在懸崖高處的岩壁上，並能躲避大多數的掠食者。雌鳥通常可以產1-2個卵，雄雌鳥會一起孵化並分擔餵食責任。三趾鷗會在春季、夏季和秋季成群捕食，並在海上度過冬季。

學名	*Rissa tridactyla*
類群	鳥類
展翅寬度／體重	可達1.1公尺／500公克
食性	肉食性：魚、蝦、蠕蟲
分布	北太平洋、大西洋、北極海
受脅程度	易危物種

02/29
侏儒河馬 Pygmy hippopotamus

這種小河馬生性隱秘，所以大多在夜間活動，會躲在所棲息的沼澤或森林溪流河岸下的窪地裡。侏儒河馬是半水生動物，可以在陸地和水中生活並尋找食物。其皮膚上有毛孔，可以分泌黏稠的油性物質，形成保濕防水的作用，如此一來便能長時間待在水中。

學名	*Choeropsis liberiensis*
類群	哺乳類
體長／體重	含尾部可達1.8公尺／270公斤
食性	草食性：蕨類、草、水果、水生植物
分布	西非
受脅程度	瀕危物種

03/01

鬃ㄗㄨㄥ狼ㄌㄤˊ Maned wolf

這種大型犬科動物的腿很長，光是站著的高度就接近1公尺。鬃狼經常在長草叢裡捕獵，由於有高人一等的體型，所以能夠輕鬆發現小型獵物。母狼一次最多可以產下5隻幼狼，在1歲獨立之前，母狼會照顧幼狼並教導如何捕獵。

學名	*Chrysocyon brachyurus*
類群	哺乳類
體長／體重	含尾部可達1.7公尺／23公斤
食性	雜食性：兔子、齧齒類、昆蟲、水果、植物
分布	中美洲、南美洲東部
受脅程度	近危物種

03/02
眼鏡王蛇 King cobra

這是所有毒蛇中體型最長的種類，牠們兇猛且具防禦性，能殺死和吃掉其他眼鏡蛇，因此被稱為「眼鏡蛇之王」。當遇到危險時，眼鏡王蛇會堅守陣地，將身體前部抬起約1.2公尺高，同時發出嘶嘶聲並張開頸部成斗篷狀，使自己看起來更巨大。只要毒牙一咬，就能注入足以殺死一頭大象的毒液。

學名	*Ophiophagus hannah*
類群	爬蟲類
體長／體重	可達5.4公尺／9.5公斤
食性	肉食性：其他蛇類、鳥、蜥蜴、齧齒類
分布	亞洲
受脅程度	易危物種

03/03
紅眼樹蛙 Red-eyed tree frog

腳趾的吸盤讓紅眼樹蛙能附著在樹枝，而且還擁有厲害的偽裝技術。當在雨林樹上睡覺時，牠們會把腿夾進身體下方，再閉上眼睛，如此一來看起來全身都會是綠色。

學名	*Agalychnis callidryas*
類群	兩棲類
體長／體重	可達8公分／15公克
食性	肉食性：蟋蟀、兩棲類、果蠅、蛾
分布	中美洲、南美洲北部
受脅程度	無危物種

03/04
亞歷山卓皇后鳥翼蝶
Queen Alexandra's birdwing

這種蝴蝶僅在巴布亞紐幾內亞島的一小片雨林中被發現，是由帶有紅色尖刺的大型黑色毛毛蟲羽化而來。成蟲和幼蟲都僅以幾種藤本植物為食，而這些藤本植物對多數動物來說都具有毒性，任何飢餓的掠食者都會發現這種毛毛蟲也是有毒的！

學名	*Ornithoptera alexandrae*
類群	無脊椎動物
展翅寬度／體重	可達30公分／12公克
食性	草食性：花蜜
分布	亞洲的巴布亞紐幾內亞
受脅程度	未評估物種

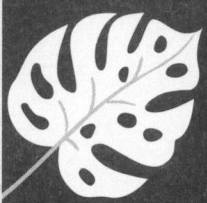

棲息在雨林的動物

熱帶雨林的環境炎熱且潮濕，樹木為了接觸到陽光，所以長得又高又大。不同的動物們可以適應於不一樣高度，有些生活在黑暗的森林地面，有些棲息在下層植被，大多數則生活在樹冠層上，而鳥類是生活在雨林的頂端。

03/05
網紋蟒 Reticulated python

網紋蟒生活在雨林的樹冠層中，會隱藏起來等待捕捉路過的獵物。牠們通常不會離池塘、溪流或河流太遙遠，而且善於游泳。

學名	*Malayopython reticulatus*
類群	爬蟲類
體長／體重	可達9公尺／160公斤
食性	肉食性：小型哺乳類、豬、果子狸、熊貍、猴子、小鹿
分布	南亞、東南亞
受脅程度	無危物種

03/06
納氏臀點脂鯉 Red-bellied piranha

又稱為紅腹食人魚，這種具攻擊性的掠食者會成群結隊地在湖泊和河流中游泳。牠們可以殺死水豚等大型獵物，並迅速地從骨頭上撕下肉塊來吃。

學名	*Pygocentrus nattereri*
類群	魚類
體長／體重	可達35公分／1.8公斤
食性	肉食性：昆蟲、甲殼類、蠕蟲、魚、水豚、水果、種子
分布	南美洲
受脅程度	未評估物種

03/07
斑尾虎鼬 Tiger quoll

這種有袋動物在森林地面和樹上都非常敏捷，每晚可移動4公里以尋找食物，白天則會躲在洞穴、樹洞或岩石縫隙中。

學名	*Dasyurus maculatus*
類群	哺乳類
體長／體重	含尾部可達1.1公尺／7公斤
食性	肉食性：負鼠、袋狸、老鼠、爬蟲類、鳥類、昆蟲
分布	澳洲
受脅程度	近危物種

03/08
大冠鷲 Crested serpent eagle

又稱為冠蛇鵰，這種猛禽會把有如大型平台的巢建立在高處，在那裡可以清楚地看到周圍區域，並與雨林樹葉融為一體，這種優勢讓牠們得以成為獵捕蛇和其他獵物的高手。

學名	*Spilornis cheela*
類群	鳥類
展翅寬度／體重	可達1.7公尺／1.8公斤
食性	肉食性：蛇、小型哺乳類、猴子、鳥
分布	亞洲
受脅程度	無危物種

03/09
紫羚 bongo

紫羚生活在茂密灌木叢的雨林中，必須躲避豹、鬣狗和獅子的攻擊。牠們主要在夜間進食，並用長長的舌頭拔出植物的根部。

學名	*Tragelaphus eurycerus*
類群	哺乳類
體長／體重	含尾部可達2.5公尺／400公斤
食性	草食性：樹葉、樹皮、草、植物根部
分布	西非
受脅程度	近危物種

03/10
巴諾布猿 Bonobo

又稱為倭黑猩猩。這些類人猿過著以雌性為首的群體生活。在白天，牠們在地面和樹冠上尋找食物；在晚上，會睡在樹枝分叉處的窩裡。

學名	*Pan paniscus*
類群	哺乳類
體長／體重	可達1.3公尺／40公斤
食性	雜食性：水果、昆蟲、魚、小型哺乳類、蠕蟲
分布	中非
受脅程度	瀕危物種

03/11

茶色蟆口鴟 Tawny frogmouth

雖然看起來很像貓頭鷹，但卻是完全不同的科。茶色蟆口鴟屬夜鷹科，是一種堅韌的夜行性鳥類，從沙漠到寒冷山區，可以生存在差異極大的棲息地，因為牠們有著厚羽毛，能有效隔絕寒冷和炎熱。白天棲息在樹上時，會伸長脖子讓自己看起來像一根枯枝，是絕佳的偽裝術。

學名	*Podargus strigoides*
類群	鳥類
展翅寬度／體重	可達97公分／680公克
食性	肉食性：昆蟲、蜘蛛、蠕蟲、蟑螂、蝸牛、小型哺乳類和爬蟲類、青蛙
分布	澳洲
受脅程度	無危物種

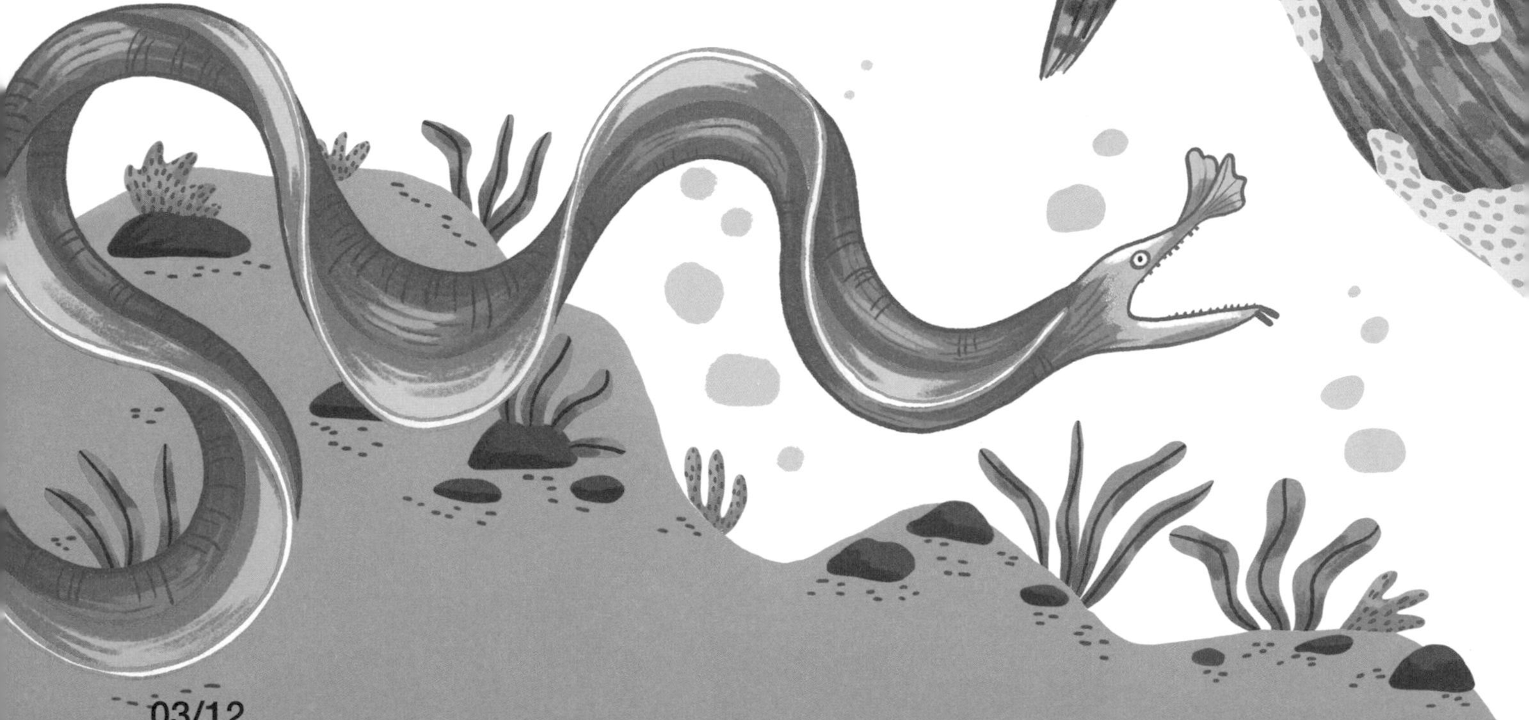

03/12

黑身管鼻鯙 Ribbon eel

又稱為管鼻鯙，是好鬥逞勇的掠食者，所有的黑身管鼻鯙都是雌雄同體。以公鯙的身分開始生活，身體呈現黑色和黃色，隨著年齡增長，會變成亮藍色和黃色。在最後階段，則變身全黃色的母鯙並能夠產卵。

學名	*Rhinomuraena quaesita*
類群	魚類
體長	可達1.3公尺
食性	肉食性：蝦、小魚
分布	印度洋、太平洋
受脅程度	無危物種

03/13

環尾狐猴 Ring-tailed lemur

僅在馬達加斯加島南部的森林和灌木叢中，能發現環尾狐猴的蹤跡。可以看到多達25隻狐猴組成的「幫派」，牠們腹部朝上、手臂和腿張開伸直，正慵懶地享受日光浴。當牠們穿過森林時，會抬起尾巴以防猴群走散。

學名	*Lemur catta*
類群	哺乳類
體長／體重	含尾部可達1.1公尺／3.4公斤
食性	雜食性：樹葉、花、水果、昆蟲
分布	非洲
受脅程度	瀕危物種

03/14

眼鏡凱門鱷 Spectacled caiman

大多數的凱門鱷生活在淡水河流和溪流中，但也能忍受鹹海水，因此活動範圍很大。牠們白天會待在水面下，並在夜間進行捕獵，以食物範圍廣大而聞名，牠的獵物甚至可能超過100種以上不同的動物！夏天為了躲避酷暑，會鑽入泥土中進行夏眠。（參閱p.172-173）。

學名	*Caiman crocodilus*
類群	爬蟲類
體長／體重	可達2.5公尺／55公斤
食性	肉食性：蚱蜢、蟋蟀、兩棲類、腐肉、果蠅
分布	中南美洲
受脅程度	無危物種

03/15
無溝雙髻鯊 Great hammerhead shark

無溝雙髻鯊沒有其他動物天敵，牠們在水中緩慢遊動，並利用有360度視野的眼睛來尋找食物，其寬鎚頭上還具有電子感測器，可以協助尋找獵物，即使獵物躲在沙子裡也逃不掉。這位高效能的獵人特別喜歡魟魚，儘管魟魚有鋒利的倒刺，但牠們還是能用頭撞擊，並把被擊暈的魟魚壓制在海底，再用長而鋸齒狀的牙齒將其吞食。

學名	*Sphyrna mokarran*
類群	魚類
體長／體重	可達6.1公尺／450公斤
食性	肉食性：魚、鱿魚、魟魚、龍蝦、鰻魚
分布	大西洋、印度洋、太平洋
受脅程度	極危物種

03/16
藍紋魟 Common stingray

這種帶翅膀的魚，會沿著沿海海底「飛行」尋找食物，具有出色的嗅覺，而且在嘴部周圍有稱為「勞倫氏壺腹」的特殊感測器。牠們有著一根長達35公分的毒刺，佔其鞭狀尾巴的三分之一。儘管在防禦雙髻鯊時，毒刺不能派上用場，但依然有助於抵禦其他鯊魚、大型魚類、海豹和海獅的攻擊。

學名	*Dasyatis pastinaca*
類群	魚類
展翅寬度／體重	可達1.4公尺／32公斤
食性	肉食性：魚、甲殼動物、軟體動物、蠕蟲
分布	大西洋、地中海、黑海
受脅程度	易危物種

擁有利爪的動物

許多野生動物都擁有鋒利的爪子，這對牠們的生存至關重要，因為可能會需要爪子來捕食、殺死獵物，或是用來挖掘、爬樹或懸掛於樹枝上。

03/17
角鵰 Harpy eagle

這種猛禽的彎曲爪子長達13公分，比灰熊（參閱p.84-85）的爪子還要長。這種體型重且有力的角鵰能夠以時速80公里的高速俯衝，並用爪子將獵物抓起。

學名	*Harpia harpyja*
類群	鳥類
展翅寬度／體重	可達2公尺／9公斤
食性	肉食性：負鼠、靈長類、食蟻獸
分布	南美洲北部及中部
受脅程度	易危物種

03/18
四角招潮蟹 Fiddler crab

公蟹有一隻巨大的螯，以揮舞來吸引母蟹並威脅其他競爭對手，也會用螯與其他公蟹爭奪挖好的洞穴。

學名	*Gelasimus tetragonon*
類群	無脊椎動物
體長	甲殼寬可達2公分
食性	雜食性：藻類、螃蟹、幼蟲、細菌
分布	亞洲、南非、澳洲
受脅程度	未評估物種

03/19
美洲短吻鱷 American alligator

美洲短吻鱷的牙齒具有威脅性，但牠們還配備了另一種武器，就是「長爪」。長爪可用於在充滿水的泥漿中挖掘鱷魚洞，避免受炎熱和寒冷的天氣侵襲。

學名	*Alligator mississippiensis*
類群	爬蟲類
體長／體重	可達4.5公尺／450公斤
食性	肉食性：魚、螺、鳥、青蛙、哺乳類
分布	北美洲東南部
受脅程度	無危物種

03/20
大犰狳 Giant armadillo

大犰狳會利用前腳上強壯的中爪撕開白蟻丘，並挖出其他獵物，其極長的爪子甚至佔身體長度的五分之一。

學名	*Priodontes maximus*
類群	哺乳類
體長／體重	含尾部可達1.5公尺／60公斤
食性	蟲食性：白蟻、螞蟻、蠕蟲
分布	南美洲中北部
受脅程度	易危物種

03/21
褐喉三趾樹懶 Brown-throated sloth

褐喉三趾樹懶整天倒掛在樹上，就是依靠大而彎曲的爪子抓住樹枝和藤蔓，爪子讓牠們在進食和睡覺時，可以安全舒適地懸掛在樹上。

學名	*Bradypus variegatus*
類群	哺乳類
體長／體重	含尾部可達80公分／6.5公斤
食性	草食性：樹葉、樹枝、水果
分布	南美洲中南部
受脅程度	無危物種

03/22
花豹 Leopard

這種大型貓科動物也被稱為「豹」，擁有2.5公分長的針狀鋒利爪子，可以用來打鬥、抓住獵物，並再用牙齒咬殺獵物。花豹會將咬死的獵物帶上樹木，以防被獅子或鬣狗偷走。

學名	*Panthera pardus*
類群	哺乳類
體長／體重	含尾部可達3公尺／90公斤
食性	肉食性：豺狼、羚羊、蛇、 黑斑羚、瞪羚、猴子
分布	東非、亞洲
受脅程度	易危物種

03/23

大西洋海神海蛞蝓

Nudibranch

又稱「藍龍」，這種飢餓的海蛞蝓會捕食比自身體型大的動物，包括劇毒的僧帽水母（參閱p.17）。海蛞蝓本身無毒，但會吞下僧帽水母的刺絲囊，並將其儲存足部末端，當必要時，用來防禦或攻擊。

學名	*Glaucus atlanticus*
類群	無脊椎動物
體長／體重	可達3公分／50公克
食性	肉食性：僧帽水母、紫羅蘭蝸牛和其他蜇人動物
分布	大西洋、太平洋、印度洋
受脅程度	未評估物種

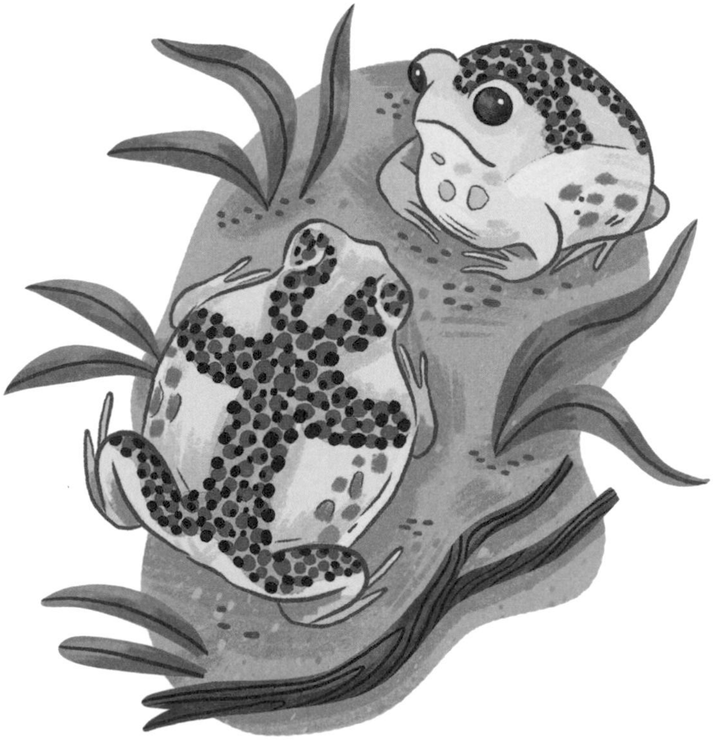

03/24

架紋蟾 Crucifix frog

架紋蟾於白天大多都待在挖掘的深洞裡，到晚上才出來覓食。如果發生乾旱，會在地下休眠（參閱p.172-173），有時甚至可休眠長達數年。牠們在有保護作用的繭狀物中，保持身體濕潤，當雨水滲入時，則會吃掉繭，然後破土而出。

學名	*Notaden bennettii*
類群	兩棲類
體長	可達6.5公分
食性	肉食性：蚊子、幼蟲、昆蟲、蝌蚪、螞蟻
分布	澳洲東部
受脅程度	無危物種

03/25
大斑啄木鳥 Great spotted woodpecker

春天時，人們可以聽到大斑啄木鳥為了建立領地和吸引配偶，而在樹上敲擊的聲音。牠們有著堅硬的喙和避震的頭骨，使之能夠在樹上打洞來撫養幼鳥，還可以從樹皮下捕捉昆蟲或喝樹汁。這種啄木鳥會用長而硬的舌頭舔起昆蟲，而且舌頭能伸出喙部外4公分長。

學名	*Dendrocopos major*
類群	鳥類
體長／體重	可達39公分／98公克
食性	雜食性：甲蟲、幼蟲、毛毛蟲、蜘蛛、種子、堅果、鳥蛋
分布	亞洲
受脅程度	無危物種

03/26
墨西哥鈍口螈 Axolotl

這種蠑螈只出現在墨西哥中部的河流和湖泊中，需要在大量水生植物的環境下生存，會尋找獵物並將其吸進嘴裡。與其他兩棲動物不同，其一生都在水中生活，且保留著羽毛般的鰓，沒有演化出在陸地所需要的肺部和腿。牠們還可以在短短幾週內，重新長出失去的四肢或受損的器官，例如心臟或肺部。

學名	*Ambystoma mexicanum*
類群	兩棲類
體長／體重	可達23公分／250公克
食性	肉食性：小魚、蠕蟲、甲殼類、昆蟲
分布	北美洲
受脅程度	極危物種

03/27

普通鼩鼱 Common shrew

這些小型哺乳動物，靠嗅覺在地面上尋找食物，並會在行走時發出尖銳聲音。牠們的壽命不長（約一年多），但非常忙碌，因為需要吃掉體重80-90%量的食物才能生存。普通鼩鼱整天都在尋找食物和在巢中休息之間循環，且因為體型太小，無法儲存足夠的脂肪而無法冬眠。

學名	*Sorex araneus*
類群	哺乳類
體長／體重	可達8公分／14公克
食性	肉食性：蚯蚓、蝸牛、昆蟲、木蝨、植物類
分布	歐洲
受脅程度	無危物種

03/28

飾紋細蟌 Ornate bluet damselfly

飾紋細蟌棲息在池塘上方的蘆葦，將透明的翅膀合攏在身體上方，用3隻眼睛觀察著世界。作為若蟲在水下生活了5年，之後才開始捕食蚊子和蠓。為了捕捉獵物，會在淺水、陽光明媚的溪流和湖泊上盤旋或低空飛行。

學名	*Coenagrion ornatum*
類群	無脊椎動物
展翅寬／長度	可達2.4公分／3.1公分
食性	肉食性：昆蟲幼蟲、蚊子、蠕蟲、蝌蚪
分布	歐洲、亞洲
受脅程度	近危物種

03/29
紅土螈 Northern red salamander

靠著能在幾毫秒內收吐舌頭的特性，紅土螈讓獵物根本來不及逃跑。當牠們需要防禦掠食者時，會將尾巴和後肢包裹在頭部周圍以自保。

學名	*Pseudotriton ruber*
類群	兩棲類
體長／體重	含尾部可達18公分／20公克
食性	肉食性：昆蟲、蚯蚓、蜘蛛、甲殼類、蝸牛
分布	北美洲東南部
受脅程度	無危物種

03/30
番茄蛙 False Tomato Frog

這種雨林蛙是馬達加斯加島的特有種，在森林地面的落葉中能偽裝得相當好。當受到威脅時，會釋放出對掠食者來說，味道很難聞的毒素。

學名	*Dyscophus guineti*
類群	兩棲類
體長／體重	可達10公分／220公克
食性	肉食性：昆蟲、蚯蚓
分布	非洲
受脅程度	無危物種

03/31
德州角蜥 Texas horned lizard

這種短尾蜥蜴全身披著厚重的鱗片，其中兩片鱗片在腦後形成了「角」，還可以從眼角出奇不意噴出血液，把掠食者耍得團團轉。

學名	*Phrynosoma cornutum*
類群	爬蟲類
體長／體重	可達14公分／90公克
食性	肉食性：主食為收割蟻，還有甲蟲、蚱蜢、蜘蛛
分布	北美洲
受脅程度	無危物種

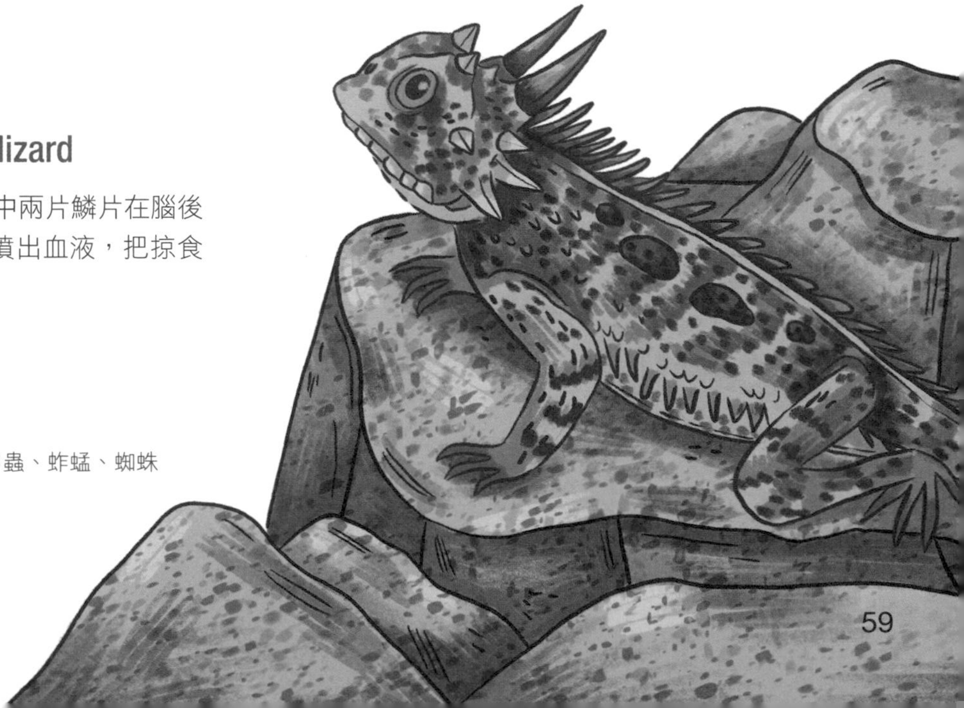

04/01

紅羽極樂鳥 Raggiana bird-of-paradise

紅羽極樂鳥是巴布亞紐幾內亞的國鳥，一些當地人會用牠的羽毛來交換物品。紅羽極樂鳥生活在低地森林中，於樹皮縫隙裡尋找昆蟲為食。每年可以看見幾隻雄鳥一起跳舞，並發出巨大叫聲來吸引雌鳥，跳得最好的就能贏得美人歸。

學名	*Paradisaea raggiana*
類群	鳥類
體長／體重	含尾部羽毛可達1.25公尺／340公克
食性	雜食性：無花果、昆蟲、青蛙、爬蟲類
分布	太平洋西南島嶼
受脅程度	無危物種

04/02
花園睡鼠 Asian garden dormouse

又稱為「大耳花園睡鼠」，這種夜間獵人會尋找蝸牛、蜈蚣和壁虎來吃，但也喜歡水果、堅果和種子。牠們通常整年都活躍於森林和花園中，但如果天氣變得非常寒冷，就會進入休眠狀態（參閱p.172-173），有時會休眠持續數天。

學名	*Eliomys melanurus*
類群	哺乳類
體長／體重	含尾部可達28公分／100公克
食性	雜食性：昆蟲、蝸牛、壁虎、水果
分布	西亞、非洲
受脅程度	無危物種

04/03
條紋躄魚 Hairy frogfish

這是一種長相非常奇怪的魚，其名字也與之相匹配，這種偽裝大師可以改變顏色以適應周圍的環境。全身的刺看起來像縷縷髮絲，幫助躲避掠食者的攻擊。透過吞嚥海水，再用鰓將水擠出來緩慢移動，但卻可以迅速地攻擊獵物。

學名	*Antennarius striatus*
類群	魚類
體長／體重	可達25公分／28公克
食性	肉食性：甲殼動物、魚
分布	大西洋、印度洋、太平洋
受脅程度	無危物種

04/04
食猿鵰 Philippine eagle

又稱菲律賓鵰，因為其身長和巨大的翅膀，被認為是所有鷹中體型最大的。牠們會在菲律賓島嶼的熱帶森林上空翱翔，以敏銳視力尋找猴子，特別是獼猴，但也會吃任何能用鋒利爪子抓住的東西。食猿鵰非常強壯，可以拎起自身重量2倍的獵物。

學名	*Pithecophaga jefferyi*
類群	鳥類
展翅寬度／體重	可達2.2公尺／8公斤
食性	肉食性：雲鼠、鹿、猴
分布	亞洲
受脅程度	極危物種

04/05
玻璃翼蝶 Glass-winged butterfly

玻璃翼蝶有著透明翅膀，而且翅膀在陽光下不會發光或閃爍，所以十分容易偽裝。從特定的花朵中吸取花蜜，並吸收其中的化學物質，以發出難聞的味道嚇阻掠食者。玻璃翼蝶會遷徙，飛行距離每天可達19公里，而且飛行速度每小時可達13公里。

學名	*Greta oto*
類群	無脊椎動物
展翅寬度	可達6公分
食性	草食性：花蜜、花
分布	中南美洲
受脅程度	未評估物種

04/06
指猴 Aye-aye

這種大眼、長手指的狐猴，只生活在非洲東岸的馬達加斯加島。牠們是夜間活動的動物，白天會在樹枝交叉處用藤蔓築成的巢中睡覺，晚上則會獨自或以3-4隻成群，在森林和紅樹林沼澤內覓食。指猴會用長長的中指敲擊樹木，聆聽中空所發出的迴聲來尋找幼蟲。

學名	*Daubentonia madagascariensis*
類群	哺乳類
體長／體重	含尾部可達1公尺／2.7公斤
食性	雜食性：水果、樹葉、芽、昆蟲
分布	非洲
受脅程度	瀕危物種

04/07
芙蓉丑角蟲 Cotton harlequin beetle

這種顏色鮮豔的昆蟲就是想要吸引眾人目光。雌蟲和幼蟲可以棲息在許多環境裡，從雨林到沿海沙丘，都很容易發現牠們的蹤跡。芙蓉丑角蟲主要以木槿花和棉花植物為食，會刺穿莖部並吸食汁液。

學名	*Tectocoris diophthalmus*
類群	無脊椎動物
體長	可達2公分
食性	草食性：幼芽汁液
分布	澳洲東部、太平洋島嶼
受脅程度	未評估物種

04/08
倉鴞 Barn owl

會利用極靈敏的聽覺精準定位獵物位置，並在夜裡猛撲捕獵。抓到後，會把獵物帶回穀倉、建築物、樹上或懸崖上的巢中餵養幼鳥。倉鴞從孵化到會飛行需約55天，成鳥會為了幼鳥而持續捕獵。成年倉鴞會吞下整個獵物，並將毛皮、骨頭、牙齒和羽毛以顆粒狀反芻吐出。

學名	*Tyto alba*
類群	鳥類
展翅寬度／體重	可達95公分／360公克
食性	肉食性：田鼠、林鼠
分布	全球（除了南極洲）
受脅程度	無危物種

04/09
棒絡新婦 Joro spider

又稱女郎蜘蛛，是以日本的蜘蛛妖怪「絡新婦」為命名。雌蜘蛛可能有一個手掌那麼大，但雄蜘蛛的體型卻要小得多且為棕色。這種蜘蛛具有毒性，且為了捕捉獵物，會織出如籃子狀的網，甚至可達3公尺深。這種大型蜘蛛也利用絲線隨著風吹移動，並跟著風飛至很遠的距離。

學名	*Trichonephila clavata*
類群	無脊椎動物
展足寬度	可達10公分
食性	肉食性：蚊子、茶翅蝽
分布	亞洲
受脅程度	無危物種

棲息在深海的動物

地球上危險又尚未被探索的深海區域，每天都會出現新物種，即使我們用最天馬行空的想像力，也無法猜想到在深海裡的奇特動物。

04/10
基瓦多毛怪 Yeti crab

這種沒有眼睛、多毛的螃蟹，需要溫暖才能在寒冷的2公里深海中生存，因此通常活躍於熱泉噴口附近，那裡的海水會因為地殼下方的熱岩漿而變得溫暖。

學名	*Kiwa hirsuta*
類群	無脊椎動物
體長／體重	可達15公分／2.3公斤
食性	雜食性：細菌、貽貝
分布	太平洋
受脅程度	未評估物種

04/11
軟隱棘杜父魚 Blobfish

又稱為水滴魚，這種魚生活在澳洲海岸附近，有些人形容是魚類中最醜陋的魚種。其魚身由果凍狀的「膠狀物質」所組成，可以漂浮並游至1.2公里深的海裡。儘管會產下數以千計的卵，但很少能存活下來，幸運的話有機會能活到100歲。

學名	*Psychrolutes marcidus*
類群	魚類
體長／體重	可達30公分／4公斤
食性	雜食性：甲殼類、錦疣蛇尾（俗稱蛇星）、植物
分布	太平洋
受脅程度	未評估物種

04/12
鱗足螺 Armoured snail

鱗足螺被一層由硫化鐵形成的外殼所保護，牠們生活在深海海脊上，位於深達2.9公里的熱泉噴口附近。

學名	*Chrysomallon squamiferum*
類群	無脊椎動物
體長	4.5公分
食性	雜食性：細菌
分布	印度洋
受脅程度	瀕危物種

04/13

幽靈蛸 Vampire squid

在黑暗的海洋深處，幽靈蛸的8隻觸手末端閃爍著光芒。如果受到威脅，會把斗篷狀的身體翻過來，並露出底下一排尖刺。

學名	*Vampyroteuthis infernalis*
類群	無脊椎動物
體長╱體重	30公分╱450公克
食性	雜食性：植物、動物
分布	全球溫暖海域
受脅程度	未評估物種

04/14

約氏黑角鮟鱇 Humpback anglerfish

另一種能夠發光的海洋生物就是這種兇猛的鮟鱇魚。藉由揮舞著光來吸引獵物，並且能夠伸展下巴和胃，以吞食比自己體型大兩倍的獵物。

學名	*Melanocetus johnsonii*
類群	魚類
體長	可達18公分
食性	肉食性：魚、蝦、魷魚、海龜
分布	全球海洋
受脅程度	無危物種

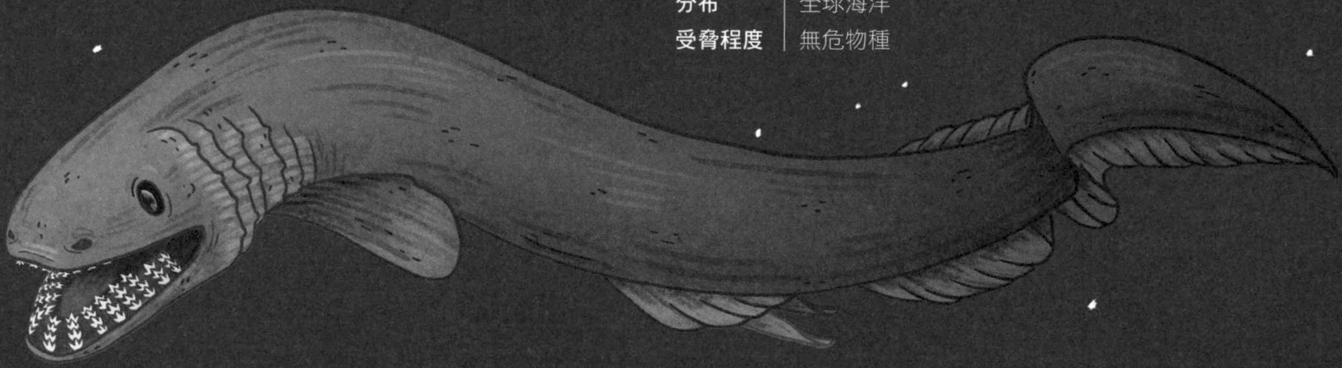

04/15

皺鰓鯊 Frilled shark

這種鯊魚是一種類似鰻魚的魚類，自史前時代以來幾乎沒有演變，可在海深一公里處發現其蹤跡。游泳時，會像蛇一樣捲曲身體和盤繞，利用尾巴在水中穿梭。

學名	*Chlamydoselachus anguineus*
類群	魚類
體長╱體重	可達2公尺╱136公斤
食性	肉食性：小型魚、魷魚、其他鯊魚
分布	太平洋、大西洋
受脅程度	無危物種

04/16

角響尾蛇 Sidewinder

莫哈維沙漠是角響尾蛇的家。角響尾蛇會將身體的凹起拋向一側，以S形曲線推動自己前進，移動速度每小時可達30公里。圖中的牠正向前擺動，準備用尖牙刺傷獵物，中空的毒牙可以用來注射毒液，能迅速使沙漠跳囊鼠癱瘓。

學名	*Crotalus cerastes*
類群	爬蟲類
體長／體重	可達84公分／300公克
食性	肉食性：爬蟲類、齧齒類、哺乳類、鳥
分布	北美洲西南部
受脅程度	無危物種

04/17

沙漠跳囊鼠 Desert Kangaroo rat

雖能跳到2.7公尺高的空中，以躲避蛇的攻擊，但也需跑得夠快才能逃脫。在炎熱沙漠、稀疏植被下，挖掘的洞穴是最安全的地方，所以沙漠跳囊鼠白天會把巢穴封起來睡覺，到了晚上因為需要進食，才不得已只好冒著被獵捕的危險出來。

學名	*Dipodomys deserti*
類群	哺乳類
體長／體重	含尾部可達30公分／145公克
食性	草食性：種子、乾枯植物
分布	北美洲西南部
受脅程度	無危物種

04/18
美國水青蛾 Luna moth

美國水青蛾在晚上的飛行能力很強，而且像其他飛蛾一樣，會被燈光所吸引。4個翅膀上的假眼被稱為「單眼」，有嚇阻掠食者的作用。由於沒有嘴器能進食，因此只能存活約一週左右。交配後，雌蛾在死亡前，會在選定的葉子上下方，一次產下200個卵。

學名	*Actias luna*
類群	無脊椎動物
展翅寬度／體重	可達11公分／2.8公克
食性	草食性：樹葉（毛毛蟲時期）
分布	北美洲
受脅程度	未評估物種

04/19
蟬形齒指蝦蛄 Peacock mantis shrimp

又稱雀尾螳螂蝦，蝦蛄是一種色彩繽紛的甲殼類動物，生活在珊瑚礁的沙質海底，會躲在縫隙中，直到獵物靠近。牠們具有攻擊性又致命，速度非常快，只需一秒就可以移動自身長度30倍的距離，並用足以粉碎外殼的力量擊中獵物，例如螃蟹。蝦蛄出拳速度如此之快，以至於在水中產生如太陽一樣熱的氣泡，能強大到擊暈或殺死獵物。

學名	*Odontodactylus scyllarus*
類群	無脊椎動物
體長／體重	18公分／61公克
食性	肉食性：魚、螃蟹、蠕蟲、蝦
分布	太平洋、印度洋
受脅程度	未評估物種

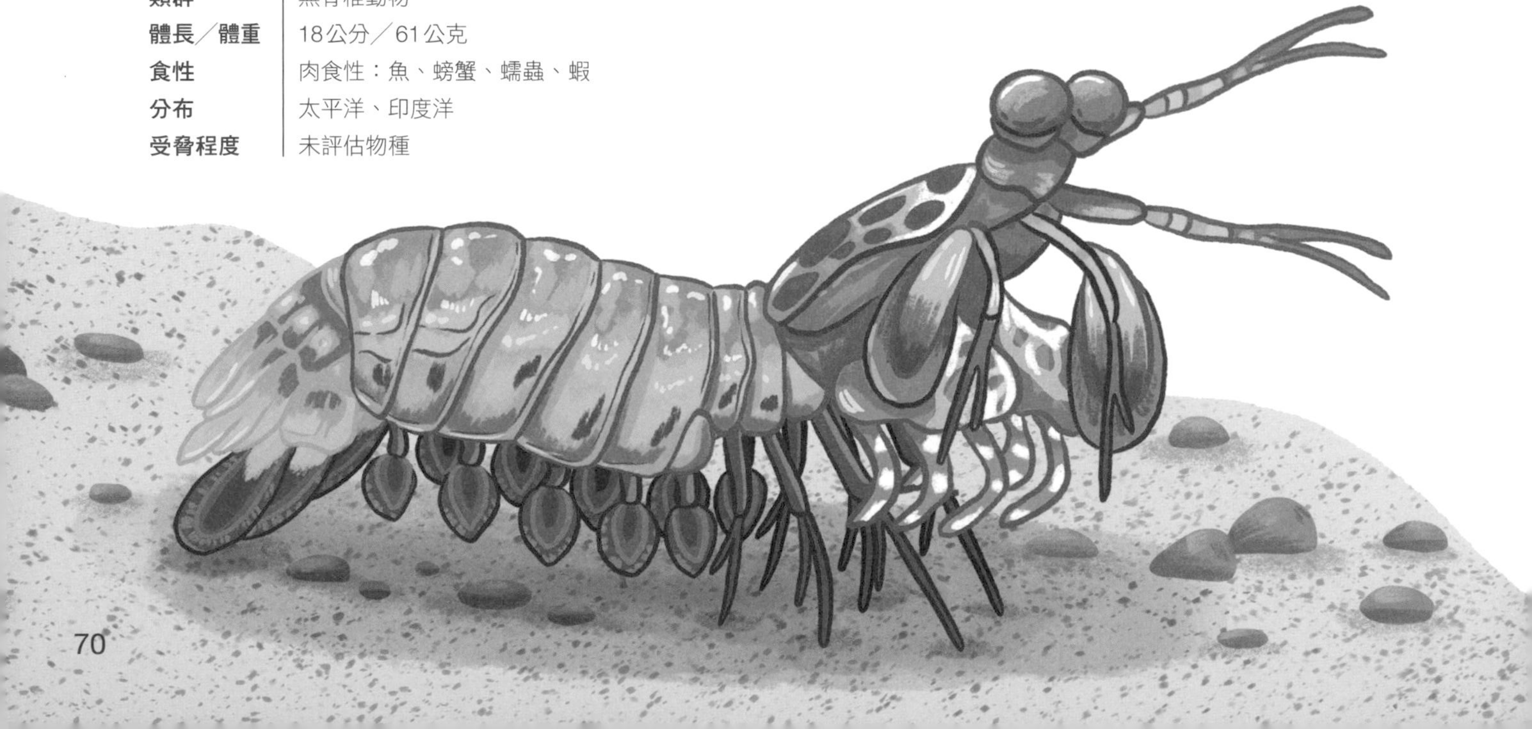

04/20
暗冠藍鴉 Steller's jay

又稱斯特勒藍鴉，其活潑的黑色羽冠，在針葉林中飛行時很容易被認出。以松子為食，喜歡橡實，在夏天也吃甲蟲、黃蜂和野蜂。牠們會發出刺耳的叫聲和柔和的口哨聲，而且十分喜歡社交，成雙後則會發展出長期的配偶關係，並且經常成群聚集，在飛行時也會互相玩耍或追逐。

學名	*Cyanocitta stelleri*
類群	鳥類
展翅寬度／體重	可達44公分／140公克
食性	雜食性：種子、堅果、昆蟲
分布	北美洲西部、中美洲
受脅程度	無危物種

04/21
松貂 Pine marten

松貂是一種敏捷的動物，也是出色的攀爬者，非常適合在森林生活。牠們擁有強大的前肢，長而濃密的尾巴可用於保持平衡，長又鋒利的爪子則用於抓握。雖然喜歡森林，但也會出沒於其他地方，如灌木叢或樹木覆蓋很少的沼澤地。喜歡獨居，並透過氣味散發緊告信號和標記領地。為了尋找獵物，每晚最多能移動至30公里外，白天則會在中空的樹木或松樹根部挖掘巢穴睡覺。

學名	*Martes martes*
類群	哺乳類
體長／體重	含尾部可達81公分／2.2公斤
食性	草食性：嚙齒動物、松鼠、兔子、魚、水果
分布	北歐、西亞
受脅程度	無危物種

04/22
大翅鯨 Humpback whale

為什麼大翅鯨會躍出水面，濺起巨大的水花，再落入水中，這是科學家爭論不休的一個問題。有人說是為了去除發癢的寄生蟲，有人說這是一種溝通方式，也有人認為這可能只是為了好玩！這些巨大的鯨魚以磷蝦和小魚為食，會透過鯨鬚板濾食海水中的浮游生物和其他動物。

學名	*Megaptera novaeangliae*
類群	哺乳類
體長／體重	可達18公尺／36公噸
食性	肉食性：浮游生物、小魚、甲殼類動物
分布	全球海洋
受脅程度	無危物種

04/23

高山歐螈 Alpine newt

這些蠑螈生活在靠近水源的森林，包括山上或山谷裡。一年中大部分時間都在陸地上，但每年春天會回到水中繁殖。雌歐螈會在淺池塘或緩慢溪流的樹葉下，產下多達200個卵，並且會以單卵或3-5個卵的短鏈狀產出。幼蟲以微小的甲殼類動物和水生昆蟲為食，3個月後可長至5公分，再經由變態過程進入「發育後期（即成年後的年輕階段）」，並移至陸地生活。另外，所有蠑螈都具有受傷時重新長出身體部位的驚人能力。

學名	*Ichthyosaura alpestris*
類群	兩棲類
體長／體重	可達12公分／6.5公克
食性	肉食性：兩棲類卵和幼蟲、昆蟲、蠕蟲
分布	歐洲
受脅程度	無危物種

04/24

翡翠樹蚺 Emerald tree boa

亞馬遜雨林深處生活著一種細長卻強而有力的蛇，這種蟒蛇是擅長偷襲的獵捕高手。牠們有著一條長尾巴，可以抓住或掛在棲息的樹枝上。其銳利的眼睛可以察覺任何動靜，嘴巴周圍鱗片的凹坑也能感知四周動物身上的溫熱血液。翡翠樹蚺的牙齒呈倒鉤狀，因此獵物一旦被捕獲，就無法輕易逃脫。

學名	*Corallus caninus*
類群	爬蟲類
體長／體重	可達2.5公尺／2公斤
食性	肉食性：齧齒類、猴子、蝙蝠
分布	南美洲北部
受脅程度	無危物種

模仿能力一絕的動物

模仿其他物種是許多動物所採用的生存策略，透過改變身體的顏色或形狀，有助於融入環境之中，進而避免捕食者的攻擊，或是能增加吸引配偶的機會。

04/25
黃裳貓頭鷹環蝶
Owl butterfly

當這隻蝴蝶合上翅膀時，棕色底面的「大眼睛」，可以讓鳥類的掠食者誤以為是貓頭鷹，而不敢靠近。

學名	*Caligo memnon*
類群	無脊椎動物
展翅寬度	15公分
食性	草食性：腐爛水果、花蜜
分布	中南美洲
受脅程度	未評估物種

04/26
麗葉蜥 Seychelles leaf insect

外觀看起來像是其賴以維生的植物，這讓牠們可以保護自己並躲過掠食者的攻擊。麗葉蜥的外型有如一堆葉子，擁有極佳的偽裝能力。

學名	*Pulchriphyllium bioculatum*
類群	無脊椎動物
體長	9.5公分
食性	草食性：樹葉
分布	亞洲
受脅程度	未評估物種

04/27
華麗琴鳥 Superb lyrebird

這種鳥類簡直是模仿冠軍！不僅用歌聲和舞蹈吸引雌鳥，還能模仿聽到的任何聲音，例如其他鳥類的叫聲、拍動的翅膀聲、汽車警報器、相機快門聲，甚至是電鋸！

學名	*Menura novaehollandiae*
類群	鳥類
體長／體重	含尾部可達1公尺／1.1公斤
食性	雜食性：蠕蟲、昆蟲、真菌類
分布	澳洲
受脅程度	無危物種

04/28
擬蛇頭天蛾 Sphinx hawk moth

由赫摩里奧普雷斯毛毛蟲羽化而成。在毛毛蟲時期，長2.5公分，並會模仿響尾蛇來保護自己免受掠食者侵害。牠們會扭動身體展示下腹部，並伸起足部、向體內注入空氣以鼓起身體，看起來就像蛇一樣。

學名	*Hemeroplanes triptolemus*
類群	無脊椎動物
展翅寬度	9.5公分
食性	草食性：花蜜、水果
分布	北美洲
受脅程度	未評估物種

04/29
東部豬鼻蛇 Eastern hognose

若遇到浣熊或負鼠，這種具微毒的蛇會壓平頭部和頸部，並發出如眼鏡蛇的嘶嘶聲和做出攻擊動作。如果這樣的偽裝術還是無效，就會翻過身，吐出舌頭裝死。

學名	*Heterodon platirhinos*
類群	爬蟲類
體長／體重	可達1.2公尺／350公克
食性	肉食性：蟾蜍、哺乳類、鳥
分布	北美洲東部
受脅程度	無危物種

04/30
擬態章魚 Mimic octopus

如果受到威脅，擬態章魚會把自己拉成扁平狀，看起來像一條魚，並在水中以噴射推進的方式逃走。此外，還能任意改變身體顏色，並將兩隻觸手臂伸出洞穴，彷彿是一條海蛇，或也能模仿具毒性的獅子魚。

學名	*Thaumoctopus mimicus*
類群	無脊椎動物
體長／體重	可達60公分／9公斤
食性	肉食性：小型甲殼類、魚
分布	印度洋、太平洋西部
受脅程度	無危物種

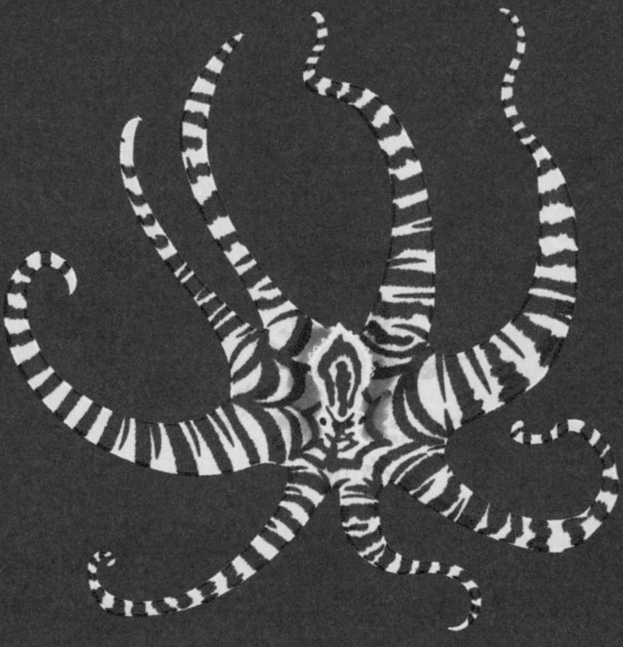

05月（ May ）

05/01

大白鯊 Great white shark

其魚雷身形、強大尾巴和爆發性的速度，讓大白鯊成為最大的掠食性魚類，屬金字塔頂端的掠食者。牠們會使用稱為「勞倫氏壺腹」的特殊感官來偵測獵物，再以閃電般速度穿過水面衝向獵物。300顆鋸齒狀牙齒多達7排，用來把獵物撕成一口大小的碎片，再整個吞下。

學名	*Carcharodon carcharias*
類群	魚類
體長／體重	可達6.2公尺／2.3公噸
食性	肉食性：海豹、海獅、鮪魚、魷魚、其他鯊魚
分布	全球海洋
受脅程度	瀕危物種

05/02
南非海狗 Cape fur seal

是海獅家族中最大的成員。有著可愛耳朵的海獅可以在陸地上行走，但也會花費數週時間，沿著南非西南部和澳洲東南部的海岸尋找食物。

學名	*Arctocephalus pusillus*
類群	哺乳類
體長／體重	可達2.3公尺／360公斤
食性	肉食性：沙丁魚、海鷗、企鵝、魷魚
分布	印度洋、太平洋
受脅程度	無危物種

05/03
尼羅鱷 Nile crocodile

僅次於灣鱷（參閱p.29）的第二大爬蟲類，這種鱷魚的生命始於產在河邊淺巢中的卵。雖然尼羅河母鱷的下顎可以咬碎獵物骨頭，但當咬著孵化的孩子到水裡時卻非常溫柔。牠們會保護剛孵化的鱷魚長達2年，幼小的鱷魚也具備捕食小魚和無脊椎動物的能力。

學名	*Crocodylus niloticus*
類群	爬蟲類
體長／體重	含尾部可達6公尺／750公斤
食性	肉食性：魚、斑馬、牛羚
分布	非洲
受脅程度	無危物種

05/04
栗喉蜂虎 Blue-tailed bee-eater

栗喉蜂虎用寬大、尖尾的翅膀飛越所居住的濕地和森林，並一邊鳴叫一邊捕捉昆蟲。牠們會把捕獲的獵物帶到樹上，進行拍打撞斷獵物骨骼後進食。這種鳥雖然是候鳥，但不會離開水源太遠，主要在河谷的河砂岸邊挖洞築巢。

學名	*Merops philippinus*
類群	鳥類
展翅寬度／體重	含尾部可達30公分／43公克
食性	肉食性：蜜蜂、大黃蜂、蜻蜓
分布	東南亞
受脅程度	無危物種

05/05

白掌長臂猿 Lar gibbon

這種無尾的靈長類動物會棲息在高樹上，並擺盪手臂在熱帶雨林間穿梭，盪一次可移動長達15公尺的距離。牠們生活在樹冠上層，不會爬到森林地面，無花果佔飲食的一半，會用雙手從樹洞中舀水喝，並在樹枝分岔處休息入眠。白掌長臂猿以小家庭的形式生活，透過大聲嚎叫保護領地。

學名	*Hylobates lar*
類群	哺乳類
體長／體重	可達60公分／7.5公斤
食性	雜食性：種子、無花果、樹葉、昆蟲
分布	亞洲
受脅程度	瀕危物種

05/06

神聖糞金龜 Sacred scarab beetle

這種糞甲蟲會滾動其他動物的糞便球以餵養幼蟲，糞球可能比甲蟲本身還重50倍。滾動糞便時，頭部會靠近地面，並倒著前進。神聖糞金龜因為代表著每天在天空中滾動太陽的太陽神，也作為死後重生的象徵，所以受到古埃及人的崇拜。

學名	*Scarabaeus sacer*
類群	無脊椎動物
體長／體重	可達3公分／40公克
食性	雜食性：糞便
分布	全球（除了南極洲）
受脅程度	未評估物種

05/07

條紋胡椒鯛 Yellow-banded sweetlips

這些顏色鮮豔的魚生活在珊瑚礁淺水區的淺灘。在白天，牠們會在懸垂的岩石或大塊珊瑚下成群結隊地休息；在晚上，則會出來尋找食物，能在沙堆中過濾躲在沙裡的蠕蟲、雙殼類、海螺和蝦子。

學名	*Plectorhinchus lineatus*
類群	魚類
體長／體重	可達50公分
食性	肉食性：無脊椎動物
分布	太平洋西部、印度洋東部
受脅程度	未評估物種

05/08

貢德氏斯里蘭卡樹蛙 Montane hourglass tree frog

此種樹蛙僅見於斯里蘭卡島的中央山丘，生活在降雨量高的雲林樹冠或水邊的蘆葦和草叢中。有些樹蛙如書中圖案，背上有著沙漏型的花紋。

學名	*Taruga eques*
類群	兩棲動物
體長／體重	可達7公分
食性	肉食性：昆蟲
分布	亞洲
受脅程度	瀕危物種

05/09

巨人恐蟻 Giant forest ant

為了防禦掠食者或競爭對手，這些螞蟻會咬傷並用長毛塗抹「甲酸」在攻擊者身上。蟻群中可能有多達7,000隻螞蟻同時住在多個巢穴，一個巢穴中只能有一隻蟻后。這些螞蟻在雨林樹冠中穿梭，以尋找昆蟲分泌的蜜露。

學名	*Dinomyrmex gigas*
類群	無脊椎動物
體長／體重	可達3.5公分
食性	雜食性：鳥糞、蜜露、白蟻
分布	東南亞
受脅程度	未評估物種

進行遷徙的動物

每年隨著季節的變化，從某個地方遷移到另一個地方，便稱為「遷徙」。動物遷徙的原因有很多種，例如尋找食物和水、尋找繁殖的地方、為了躲避寒冷等。

05/10

加拿大雁 Canada goose

這些雁在南方過冬，所以當春天來臨時，會以V字形成群地向北飛去，以繁殖和築巢。一天可以飛行超過1,600 公里，時速高達110公里。加拿大雁配對後便成終生伴侶，並會回到父母築巢的地方築巢。

學名	*Branta canadensis*
類群	鳥類
展翅寬度／體重	可達1.8公尺／5公斤
食性	雜食性：草、新芽、種子、莓果、昆蟲
分布	北美洲、北歐
受脅程度	無危物種

05/11

帝王斑蝶 Monarch butterfly

在北美，這些蝴蝶會從墨西哥飛越將近5,000公里遠至加拿大繁殖。來回的旅程非常漫長，以至於每年平均會進行3-5次的世代交替，來完成這趟遷徙。

學名	*Danaus plexippus*
類群	無脊椎動物
展翅寬度／體重	可達10公分／0.5公克
食性	草食性：花蜜
分布	北美洲、中美洲
受脅程度	無危物種

05/12

紅玉喉北蜂鳥 Ruby-throated hummingbird

在夏天，這種鳥會在加拿大或北美洲東部的樹枝上築出一個指套大小的巢。每秒可以拍打超過50次的翅膀，一路飛往中美洲、墨西哥和佛羅裡達州過冬。

學名	*Archilochus colubris*
類群	鳥類
展翅寬度／體重	可達11公分／7公克
食性	雜食性：花蜜、昆蟲
分布	中美洲、北美洲
受脅程度	無危物種

05/13
紅ㄏㄨㄥˊ鉤ㄍㄡ吻ㄨㄣˇ鮭ㄍㄨㄟ Sockeye salmon

鮭魚一生的多數時間都在海上度過，每年都會逆流返回河流上游的淡水產卵。雌鮭魚會用尾巴挖巢產卵，待雄魚將卵受精後，再用礫石把卵覆蓋住。魚苗在到大海之前，會在淡水中停留長達3年。

學名	*Oncorhynchus nerka*
類群	魚類
體長／體重	可達85公分／7公斤
食性	肉食性：浮游動物、魚、昆蟲
分布	太平洋北部海洋及河川
受脅程度	無危物種

05/14
革ㄍㄜˊ龜ㄍㄨㄟ Leatherback turtle

革龜是世界上最大的海龜。為了前往每年築巢的熱帶海灘，有些海龜會游超過16,000公里遠的距離。牠們會在沙子上挖洞，產卵後用沙覆蓋住卵，再回到大海。留下的卵會自行孵化，幼龜從沙子裡爬出來後奔向大海。

學名	*Dermochelys coriacea*
類群	爬蟲類
體長／體重	可達2.2公尺／900公斤
食性	肉食性：水母、海帶、魚
分布	全球（除了北極海和南極海）
受脅程度	易危物種

05/15
灰ㄏㄨㄟ鯨ㄐㄧㄥ Grey whale

灰鯨是哺乳動物中遷徙距離最長的動物之一。從夏季在北極的覓食地，遷徙到赤道附近的潟湖，以養育幼鯨且過冬。一趟南下的旅程需要花上2-3個月的時間，一次往返可長達22,000公里。

學名	*Eschrichtius robustus*
類群	哺乳類
體長／體重	可達15公尺／35公噸
食性	肉食性：甲殼類、蠕蟲、鯡魚卵
分布	太平洋
受脅程度	無危物種

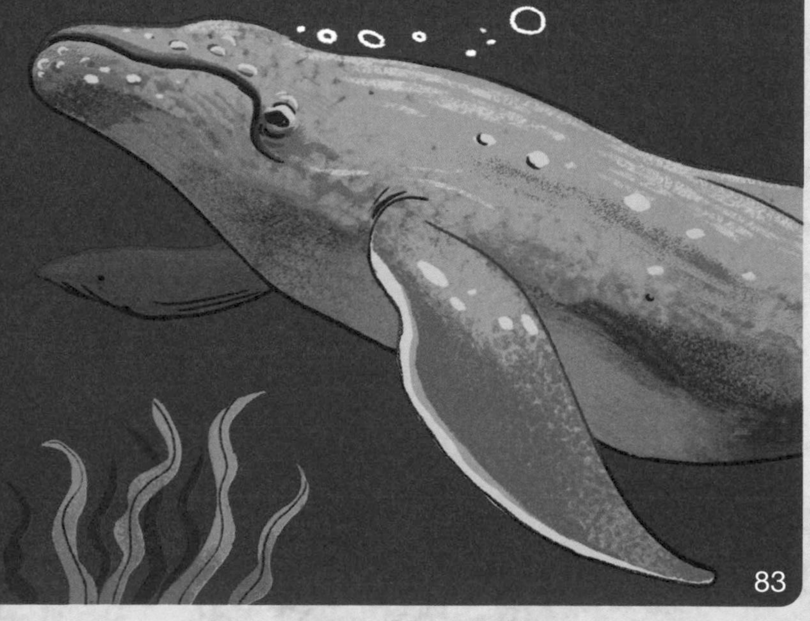

05/16
灰熊 Grizzly bear

紅鉤吻鮭（參閱p.83）在逆流而上的過程中，必須克服許多障礙，但最困難的大概是抵禦灰熊的捕食。在6-7月期間，灰熊只需站在阿拉斯加南部西海岸的瀑布頂端，每天就能吃掉多達30條大魚，牠們通常會把魚帶到較平緩的水面或河岸上吃。

學名	*Ursus arctos horribilis*
類群	哺乳類
體長／體重	含尾部可達3公尺／780公斤
食性	肉食性：北極狐、鮭魚、莓果
分布	北美洲、亞洲、歐洲
受脅程度	無危物種

05/17

彩ㄘㄞˇ虹ㄏㄨㄥˊ吸ㄒㄧ蜜ㄇㄧˋ鸚ㄧㄥ鵡ㄨˇ Rainbow lorikeet

與大多數鳥類不同，雄性鳥和雌性鳥都擁有鮮豔多彩卻絕對不會混淆的羽毛。成對後會廝守終身，經常在夜間成群結隊，吵鬧且快速地移動和築巢。舌頭末端呈刷狀，佈滿小突起物，所以容易從花朵中採集花蜜和花粉。

學名	*Trichoglossus moluccanus*
類群	鳥類
展翅寬度／體重	可達46公分／160公克
食性	雜食性：花蜜、花粉、種子、昆蟲、水果
分布	澳洲北部及東部
受脅程度	無危物種

05/18

黑ㄏㄟ猩ㄒㄧㄥ猩ㄒㄧㄥ Chimpanzee

這種猩猩是類人猿，也是人類近親之一，有著98%相同DNA。黑猩猩很聰明並且經常使用工具，像是會用棍子把螞蟻或白蟻趕出巢穴，或用石頭砸開堅果。科學家也觀察到牠們會用牙齒削尖棍子當作長矛，從樹洞中撬出躲在灌木叢裡的動物寶寶。因為需要接近水源和食物，所以主要生活在雨林地區。

學名	*Pan troglodytes*
類群	哺乳類
體長／體重	可達1.7公尺／70公斤
食物	雜食性：水果、植物、昆蟲、鳥、哺乳類
分布	東非、中非
受脅程度	瀕危物種

05/19

南非穿山甲 Ground pangolin

全身覆蓋著保護性且層層相疊的鱗片，如果受到威脅，會把自己捲成球狀，並用尾巴緊緊地包裹身體。前腳上的大爪子用來挖開蟻丘和白蟻丘，其又長又黏的舌頭，一年間可以舔食多達7,000萬隻昆蟲。牠們過著獨居的生活，於夜間活躍。

學名	*Smutsia temminckii*
類群	哺乳類
體長／體重	含尾部可達1.4公尺／19公斤
食性	肉食性：螞蟻、白蟻
分布	南非、東非
受脅程度	易危物種

05/20

伊朗烏爾米螈

Kaiser's mountain newt

僅見於伊朗海拔1,000公尺以上的札格羅斯山脈，且生活在泉水、瀑布和寒冷山澗附近的林地裡，並在那裡繁殖。如果夏天太熱，伊朗烏爾米螈就會進入地下較涼爽的地方夏眠（參閱p.172-173）。牠們的大眼睛有助於在夜間尋找食物。

學名	*Neurergus kaiseri*
類群	爬蟲類
體長	可達14公分
食性	肉食性：小型無脊椎動物
分布	亞洲
受脅程度	易危物種

棲息在沙漠的動物

為了生活在炎熱乾燥的沙漠裡，動物必須能應付缺水和極端的溫度。在這世界上，有許多動物找到了在這種極端條件下生存的獨特方法。

05/21

納米比沙漠甲蟲 Namib darkling beetle

納米比沙漠中的這種小甲蟲，會用身體從霧中收集水分。牠們迎著清晨的風，讓霧滴順著翅膀滴進嘴裡。

學名	*Stenocara gracilipes*
類群	無脊椎動物
體長	可達2.5公分
食性	雜食性：植物殘渣
分布	非洲
受脅程度	未評估物種

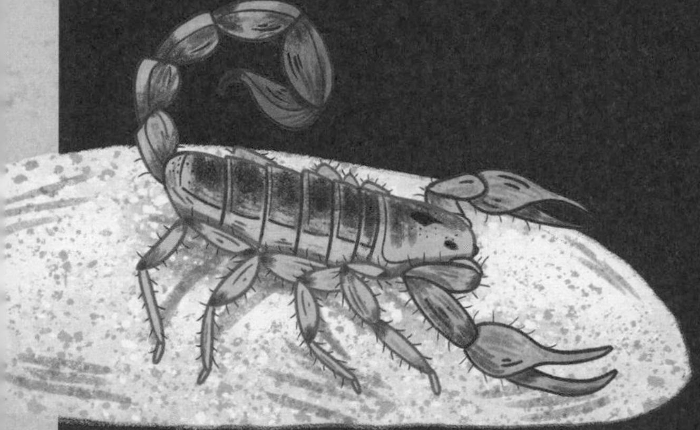

05/22

亞利桑那紋尾蠍 Devil scorpion

索諾拉沙漠的高溫可達48℃，為了避開白天的酷熱，蠍子會躲在岩石下，只有在夜間涼爽時，才會出來尋找食物。

學名	*Paravaejovis spinigerus*
類群	無脊椎動物
體長／體重	含尾部可達7公分／9.5公克
食性	肉食性：蟋蟀、其他蠍子
分布	北美洲
受脅程度	未評估物種

05/23

野雙峰駝 Wild bactrian Ccamel

中國和蒙古的戈壁沙漠是難以生存的地方，但野雙峰駝卻適應得很好。牠們的兩個駝峰儲存著能量豐富的脂肪，以便在食物不足時使用。

學名	*Camelus ferus*
類群	哺乳類
體長／體重	可達3.5公尺／690公斤
食性	草食性：草、樹葉、穀類
分布	亞洲
受脅程度	極危物種

05/24
耳廓狐 Fennec fox

這種生活在撒哈拉沙漠的狐狸有著一對不尋常的大耳朵，有助於散熱並保持涼爽，耳朵也是在沙子中聽見獵物聲音的最佳利器。

學名	*Vulpes zerda*
類群	哺乳類
體長／體重	可達60公分／1.4公斤
食性	雜食性：蚱蜢、蝗蟲、囓齒類、水果、樹葉
分布	北非
受脅程度	無危物種

05/25
澳洲魔蜥 Thorny devil

活躍於白天，只需靜止不動或摩擦沾有露水的植物即可收集到水分。身體上的鱗片成脊背狀，可以將水引流到嘴裡。

學名	*Moloch horridus*
類群	爬蟲類
體長／體重	含尾部可達21公分／95公克
食性	肉食性：黑蟻
分布	澳洲
受脅程度	無危物種

05/26
阿拉伯劍羚 Arabian oryx

這種大羚羊會挖沙坑並躺下，透過將熱量傳遞到沙子中，好讓身體降溫，這樣也能用來讓自己不受沙漠風吹的干擾。

學名	*Oryx leucoryx*
類群	哺乳類
體長／體重	含尾部可達2.4公尺／70公斤
食性	草食性：草、植物根莖
分布	亞洲
受脅程度	易危物種

05/27
安娜渦蛺蝶
Anna's eighty-eight butterfly

此種蝴蝶生活在潮濕的熱帶森林中，因其翅膀下明顯的數字「88」而得其英文名。毛蟲時期以各種熱帶植物的葉子為食，成蟲則會吃腐爛的水果和糞便。從德州南部到巴西亞馬遜地區，都能發現其身影，許多中美洲文化認為這是好運的象徵。

學名	*Diaethria anna*
類群	無脊椎動物
展翅寬度	可達4公分
食性	草食性：腐爛水果、糞便
分布	北美洲、中南美洲
受脅程度	未評估物種

05/28
孔雀纓鰓蠶 Peacock worm

這種細長的蠕蟲一生都生活在水下由泥沙構成的管中。為了進食，會從管中伸出羽毛狀的扇形觸手，捕捉海水中的微粒，並將食物送入嘴裡，再收回觸手。

學名	*Sabella pavonina*
類群	無脊椎動物
體長／寬度	可達30公分／4公釐
食性	雜食性：海水中的微粒
分布	太平洋、地中海
受脅程度	未評估物種

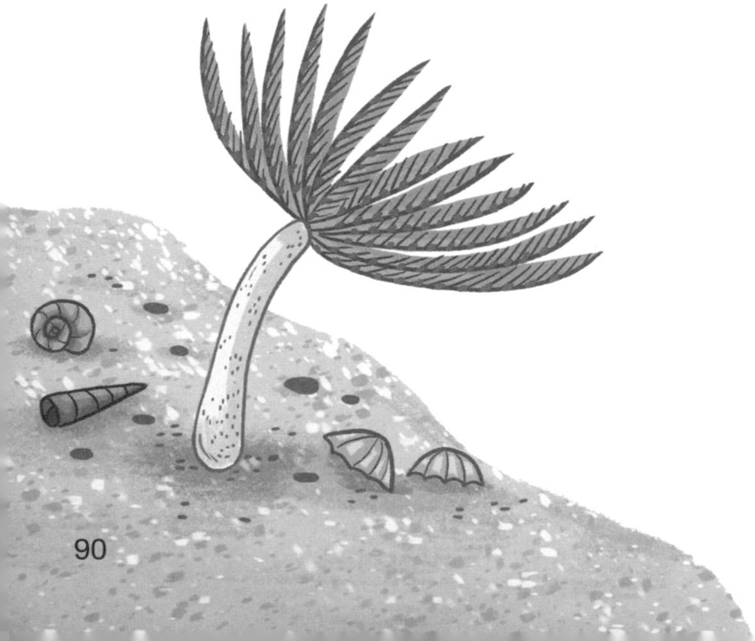

05/29
玫瑰毒鮋 Reef stonefish

這是已知魚種中最具毒性的一種，還是有著放射狀魚鰭的偽裝大師，會用背鰭刺注入毒液。偽裝技巧十分出色，看起來就像一塊岩石或珊瑚，很難被發現。

學名	*Synanceia verrucosa*
類群	魚類
體長／體重	可達40公分／2.4公斤
食性	肉食性：小型魚類、甲殼類
分布	印度洋
受脅程度	無危物種

05/30
狐獴 Meerkat

這些小狐獴成群結隊而居，通常由有親緣關係的狐獴家族組成。生活在喀拉哈里沙漠，會用長且彎曲的爪子挖掘多個洞穴。牠們每天花費長達8個小時覓食，其中一隻會負責站崗，並且一起睡在洞穴裡。

學名	*Suricata suricatta*
類群	哺乳類
體長／體重	含尾部可達60公分／730公克
食性	肉食性：蠍子、昆蟲
分布	非洲南部
受脅程度	無危物種

05/31
北跳岩企鵝
Northern rockhopper penguin

這是最小的企鵝種之一，有著顯眼的黃黑色冠羽和紅色眼睛。當爭奪築巢區域和配偶時，會一邊擺動頭部和敲打鰭狀肢，一邊發出巨大叫聲。會被稱為「跳岩企鵝」，是因為雖然也像其他企鵝一樣用腹部滑動，但也會跳過陡峭岩石斜坡上的障礙物。

學名	*Eudyptes moseleyi*
類群	鳥類
體長／體重	可達46公分／4.5公斤
食性	肉食性：魚、章魚、軟體動物、甲殼類動物
分布	印度洋南部、大西洋
受脅程度	瀕危物種

06月（ June ）

06/01

大貓熊 Giant panda

為了靠近賴以維生的竹子，大熊貓必須善於攀爬。牠們食量很大，每天需要咀嚼多達38公斤的竹子，所以一天會花上16個小時尋找竹筍、竹葉和竹莖。大熊貓是獨居動物，只有在交配或撫養小貓熊時，才會聚集在一起。生活在中國中部的岷山和秦嶺山脈，厚重的皮毛可以在霧霾或多雪的氣候下，提供保護作用。

學名	*Ailuropoda melanoleuca*
類群	哺乳類
體長／體重	可達1.8公尺／160公斤
食性	肉食性：主食為竹子，也吃魚、小型齧齒類、腐肉
分布	亞洲
受脅程度	易危物種

06/02

冠藍鴉 Blue jay

當冠藍鴉沿著森林邊緣飛行，即便很遠都能聽見高分貝叫聲。牠們尋找橡實並用喙摘下，會用爪子夾住堅果再啄開來吃，或是存放在喉袋中當存糧。冠藍鴉是模仿高手（參閱p.74-75），能模仿其他鳥類叫聲，其中一種是赤肩鵟的刺耳叫聲，能作為警告或嚇跑其他鳥類。

學名	*Cyanocitta cristata*
類群	鳥類
展翅寬度／體重	可達43公分／100公克
食性	雜食性：種子、堅果、莓果、螞蟻
分布	北美洲
受脅程度	無危物種

06/03

土豚 Aardvark

土豚是一種穴居、夜行性的哺乳動物，也是所屬科目中唯一的物種。生活在撒哈拉沙漠以南的稀樹草原上，這樣的環境讓牠能輕鬆地挖土。幾乎所有的食物都來自地底下，包括螞蟻、白蟻和其他昆蟲，並用30公分長的舌頭舔食。其英文名字「Aardvark」在南非語是「土豬」的意思，牠們用來嗅出昆蟲的鼻子看起來跟豬鼻子一樣。

學名	*Orycteropus afer*
類群	哺乳類
體長／體重	可達2.2公尺／82公斤
食性	肉食性：昆蟲
分布	非洲
受脅程度	無危物種

06/04

藍頭綠鸚哥魚 Daisy parrotfish

會利用如鸚鵡喙般的嘴巴，從死亡的珊瑚體撕下藻類來吃。在晚上，會用自己的粘液做一個「睡袋」，把自己包起來免受寄生蟲侵害。這種魚另一個特別之處，就是雄雌同體的能力，牠們體型能夠長得更大，並從雌性轉變為雄性。如果群體中沒有占主導地位的公魚，母魚就會變性。

學名	*Chlorurus sordidus*
類群	魚類
體長	可達40公分
食性	草食性：藻類
分布	印度洋、太平洋
受脅程度	無危物種

06/05

水豚 Capybara

水豚是優秀的游泳健將，腳上有蹼，可以在水下閉氣長達5分鐘，會潛入水中躲避美洲虎。牠們是世界上最大的嚙齒動物，也在陸地上生活，會用長而尖的牙齒吃草。當受到威脅，能以每小時35公里的速度迅速逃跑。

學名	*Hydrochoerus hydrochaeris*
類群	哺乳類
體長／體重	可達1.3公尺／80公斤
食性	草食性：植物、草、水果
分布	南美洲（安地斯山脈以東）
受脅程度	無危物種

棲息在淡水的動物

地球上只有百分之三的水是淡水，甚至其中三分之二被鎖在南北極的冰川和冰層中。那些河流、水池、池塘、湖泊等剩下的淡水中，成為了一群動物們的棲息處。

06/06
蒼鷺 Grey heron

通常會在靠近河流的樹頂上，建造一個大而雜亂的樹枝巢來產卵。牠們會結群棲居，一個族群的巢穴數量可能超過100個。蒼鷺父母會不動地站著，或緩慢地在附近的水中行走，伺機伏擊獵物，再將捕食的魚或青蛙反芻餵養幼鳥。

學名	*Ardea cinerea*
類群	鳥類
展翅寬度／體重	可達2公尺／2公斤
食性	肉食性：魚、兩棲類、小鴨
分布	歐洲、亞洲、非洲
受脅程度	無危物種

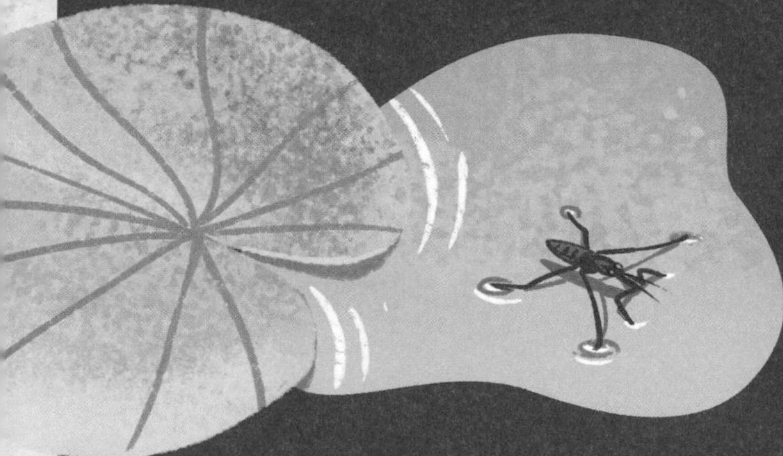

06/07
水黽 Common pond skater

水黽是一種體型瘦長的昆蟲，軀幹上覆蓋著可以防水的細毛，有6隻長腿，利用水的表面張力滑過溪流和湖泊。

學名	*Gerris lacustris*
類群	無脊椎動物
體長	可達1.5公分
食性	肉食性：其他昆蟲
分布	歐洲、亞洲、北非
受脅程度	未評估物種

06/08
歐亞水獺 Eurasian otter

這種大型、強大且頑皮的哺乳動物可以說是水中蛟龍，眼睛在頭頂的位置，因此即使身體在水下，也能觀察周遭動靜。

學名	*Lutra lutra*
類群	哺乳類
體長／體重	含尾部可達1.3公尺／11公斤
食性	肉食性：主食為魚，也吃青蛙、鳥
分布	歐洲、亞洲、北非
受脅程度	近危物種

06/09
普通翠鳥 Common kingfisher

普通翠鳥每天進食量達體重的60%，會在河岸邊挖掘的洞穴築巢。牠們會從棲息處潛入流動緩慢或靜止的水中，捕食小魚、甲蟲和蜻蜓，甚至可以捕食水面下25公分深的獵物。

學名	*Alcedo atthis*
類群	鳥類
展翅寬度／體重	可達25公分／46公克
食性	肉食性：魚、昆蟲
分布	歐洲、亞洲、北洲
受脅程度	無危物種

06/10
歐洲鰉 Beluga sturgeon

歐洲鰉的卵被視為珍寶，這些卵可作為魚子醬食用。牠們大多生活在裏海的鹹水海域，長長的鼻子和靈敏的鬍鬚可以幫助捕食。歐洲鰉也存在於淡水中，是最大的淡水魚類之一。

學名	*Huso huso*
類群	魚類
體長／體重	可達7.2公尺／1.5公噸
食性	肉食性：魚
分布	東歐、西亞
受脅程度	極危物種

06/11
亞馬遜河豚 Amazon river dolphin

英文又俗稱「boto」，分佈在南美洲亞馬遜河和奧里諾科河的大部分地區，牠們行動敏捷，經常倒立游動或跳出水面觀察周遭，會隨著生長緩慢地從灰色變成粉紅色。多數時間都在水裡，利用迴聲定位避開障礙物，並在黑暗水域中尋找獵物。

學名	*Inia geoffrensis*
類群	哺乳類
體長／體重	可達2.7公尺／180公斤
食性	肉食性：魚、貝殼類、螃蟹、烏龜
分布	南美洲
受脅程度	瀕危物種

06/12

疣鼻天鵝 Mute swan

有著長長的S形脖子，是河流和湖泊中常見的鳥類。這些天鵝成對後會成為終生伴侶，雄性天鵝會占地盤，並攻擊競爭對手和任何對巢穴構成威脅的事物。當剛孵化時，小天鵝是灰色的且有黑色的喙，會在幾個月內逐漸改變顏色。母天鵝將牠們背在背上保持溫暖，小天鵝也會透過觀察來學習如何游泳和進食。

學名	*Cygnus olor*
類群	鳥類
展翅寬度／體重	可達2.4公尺／12公斤
食性	雜食性：水生植物、昆蟲、螺、草
分布	歐洲、亞洲
受脅程度	無危物種

06/13
大守宮 Tokay gecko

是最大的壁虎之一，可以爬上任何表面。牠們是獨行的夜間獵人，咬合力強，如果受到威脅會斷尾求生，而且尾巴能再生復原。

學名	*Gekko gecko*
類群	爬蟲類
體長／體重	可達40公分／400公克
食性	肉食性：昆蟲、蜘蛛、老鼠、蛇
分布	東南亞
受脅程度	無危物種

06/14
山魈 Mandrill

又稱為彩面狒狒，因為個性害羞，通常很難發現牠們的蹤跡。山魈生活在熱帶雨林，成群結隊地在茂密植被中，長途跋涉尋找食物，其多彩顏色有利於彼此相互跟隨。到了夜晚，有力的臂肢能幫助牠們爬到樹上過夜。

學名	*Mandrillus sphinx*
類群	哺乳類
體長／體重	含尾部可達1公尺／35公斤
食性	雜食性：種子、堅果、水果、小型爬蟲類
分布	西非
受脅程度	易危物種

06/15
華麗色蟌 Banded demoiselle

以緩慢流動的溪流和河流中，所長出的蘆葦和植物為棲息處。成蟲有長長的身體和角狀觸角。交配後，雌性會將卵產在水面下的植物莖部。若蟲在水下生活2年後，會爬上水生植物，蛻皮並成為成蟲。

學名	*Calopteryx splendens*
類群	無脊椎動物
展翅寬度	可達4.5公分
食性	肉食性：其他昆蟲
分布	歐洲、亞洲
受脅程度	未評估物種

06/16

白頭海鵰 Bald eagle

自1782年以來，白頭海鵰（俗稱禿鷹，源自英文直譯）一直是美國的國家象徵。牠們其實並不是真的禿頭，而可能是因為白色的頭部特徵而得名（據說bald在古語中不是禿頭，而是白色、閃亮的意思）。牠們靠著在海洋或陸地上低飛，或從棲息處觀察再猛撲獵物來捕食，也會偷取其他鳥類的獵物，尤其特別喜歡偷取魚鷹抓到的獵物。白頭海鵰也是一種食腐動物。

學名	*Haliaeetus leucocephalus*
類群	鳥類
展翅寬度／體重	可達2.6公尺／6.5公斤
食性	肉食性：魚、鳥、哺乳動物
分布	北美洲
受脅程度	無危物種

有如建築專家的動物

大多數動物都會建造各式各樣的房屋來滿足牠們的需求。然而，有些動物會採用意想不到的技能，以歎為觀止的精緻度來打造家園，讓人不得不感到驚訝！

06/17
黃胸織布鳥 Baya weaver bird

又稱為黃胸織雀，這種鳥會用野草編織出精緻的鳥窩。牠們通常蓋在荊棘樹上，巢穴的管狀入口可長達90公分，以保護幼鳥免受到蛇和蜥蜴等捕食者的傷害。

學名	*Ploceus philippinus*
類群	鳥類
體長／體重	可達25公分／28公克
食性	肉食性：種子、穀類、野草、昆蟲
分布	南亞、東南亞
受脅程度	無危物種

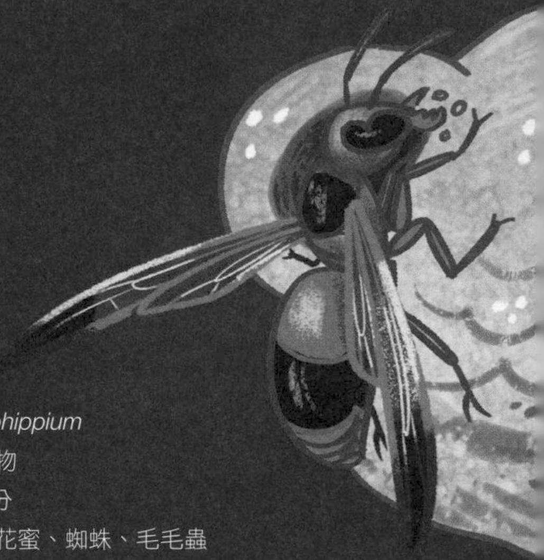

06/18
澳洲黃蜂 Australian hornet

雌蜂很會蓋房子，是相當厲害的建築師。牠們能尋找水及收集泥土，再將兩者在嘴裡混合，接著將混合好的水泥帶回，建造泥巢，其中包含一條通往內部的隧道，並在最後會將泥巢的外部完美地整平。

學名	*Abispa ephippium*
類群	無脊椎動物
體長	可達3公分
食性	雜食性：花蜜、蜘蛛、毛毛蟲
分布	澳洲
受脅程度	未評估物種

06/19
美洲河狸 North American beaver

河狸能建造巨大的水壩，減少地質侵蝕，並為數十種其他物種提供棲息地。牠們也會建造只能從水下進入的圓頂狀木製巢穴，除了保護自身安全，也便於養育河狸寶寶。

學名	*Castor canadensis*
類群	哺乳類
體長／體重	含尾部可達1.2公尺／32公斤
食性	草食性：樹葉、莖、水生植物
分布	北美洲
受脅程度	無危物種

06/20

澳大利亞捲葉蛛

Leaf-curling spider

這隻迷人的小蜘蛛是圓蛛科的一員，會捲起一片葉子，並吐絲將其縫在網的中央，以保護自己不受到鳥類或寄生蜂等捕食者的攻擊。

學名	*Phonognatha graeffei*
類群	無脊椎動物
展足寬度	可達3公分
食性	肉食性：昆蟲
分布	澳洲
受脅程度	未評估物種

06/21

褐色園丁鳥 Vogelkop bowerbird

雄性園丁鳥會用大樹枝搭建一個精緻的傘狀鳥巢來吸引雌鳥，並以精心堆疊五顏六色的花朵、水果、羽毛和葉子來贏得芳心。

學名	*Amblyornis inornata*
類群	鳥類
體長／體重	可達25公分／155公克
食性	雜食性：水果、昆蟲
分布	東南亞
受脅程度	無危物種

06/22

墨西哥草原犬鼠

Mexican prairie dog

以大型群居的方式生活在地下，一個族群可能上達100隻同時住一起。牠們所挖掘的洞穴系統能覆蓋250平方公里，其中分別有用來睡覺、儲存食物和撫養幼鼠的穴室，全部都經由地道相互連接。

學名	*Cynomys mexicanus*
類群	哺乳類
體長／體重	含尾部可達45公分／2公斤
食性	草食性：樹葉、根、塊莖
分布	北美洲
受脅程度	瀕危物種

06/23
椰子蟹 Coconut crab

在印度洋和太平洋的珊瑚環礁和小島嶼上，生活著一種爪子有力的穴居寄居蟹，能夠使出甲殼類動物中最強的壓碎力道。牠們會爬樹，並用鉗子把椰子切開，再用爪子將外殼撕成碎片來吃椰肉。椰子蟹的幼年階段會在海中生活，成年後卻失去游泳能力，到水中會被淹死。

學名	*Birgus latro*
類群	無脊椎動物
體長／體重	可達1公尺／4公斤
食性	雜食性：無花果、老鼠、甲殼類、椰子、烏龜蛋
分布	印度洋、西太平洋
受脅程度	易危物種

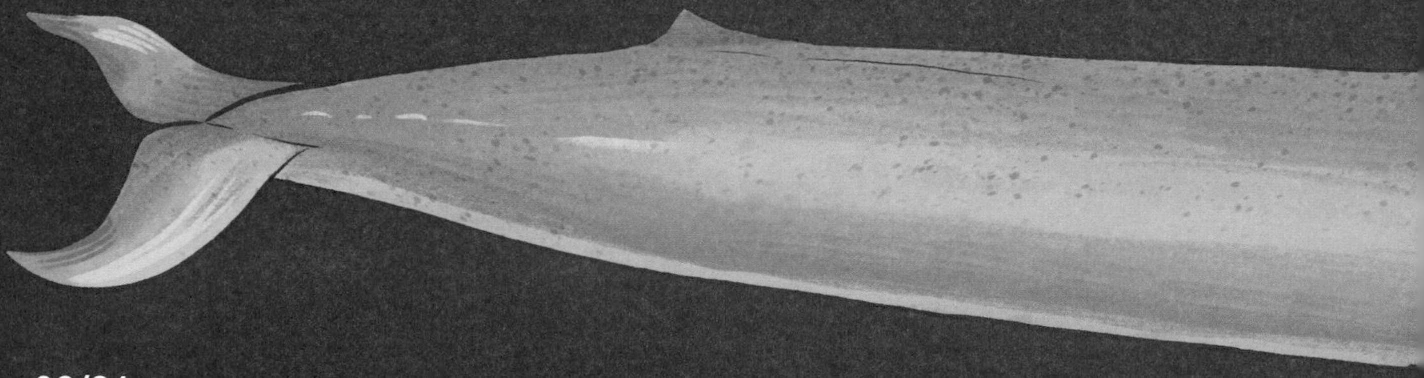

06/24
藍鯨 Blue whale

帶著流線型的鯨魚是現存最大的動物，也是地球上有史以來最大的生物。其重量相當於33頭非洲草原象（參閱p.116），而且聲音比噴射引擎還要大聲。藍鯨會在極地水域度過夏季，再遷徙（參閱p.82-83）到赤道水域過冬並產下幼鯨。

學名	*Balaenoptera musculus*
類群	哺乳類
體長／體重	可達33公尺／190公噸
食性	肉食性：磷蝦
分布	全球（除了北極）
受脅程度	瀕危物種

06/25
藍腳鰹鳥 Blue-footed booby

搖晃行走的樣子，讓第一次看到這種鳥的西班牙人稱為「bobo」，有「愚蠢」之意。事實上，牠們會展示藍色的腳，並以跳舞來吸引配偶，而顏色最藍的腳通常就是贏家。這種鳥會在陸地上成群地睡覺和交配，並於白天在海上覓食，其永久封閉的鼻孔讓牠們能夠潛入水中捕魚。

學名	*Sula nebouxii*
類群	鳥類
展翅寬度／體重	可達1.5公尺／1.5公斤
食性	肉食性：魚
分布	太平洋東海岸
受脅程度	無危物種

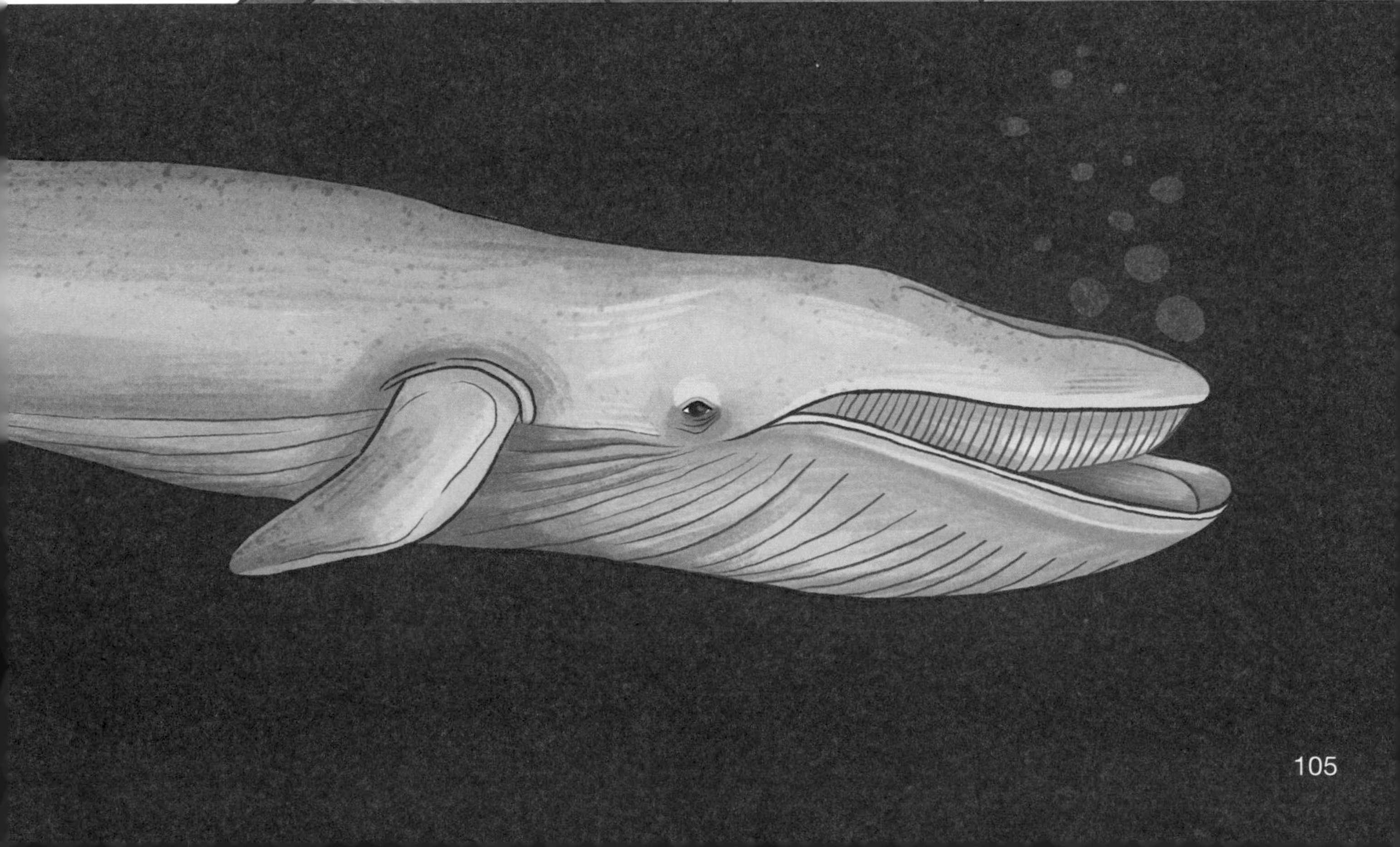

06/26
希拉毒蜥 Gila monster

這種獨居的有毒蜥蜴除了底部以外，全身覆蓋著稱為「皮內成骨」的珠狀鱗片。大部分時間都在地底或岩石下度過，白天會爬到陽光下取暖並尋找食物。其尾部可以儲存脂肪，在冬天會進入休眠，也就是變溫動物的冬眠狀態（參閱p.172-173）。

學名	*Heloderma suspectum*
類群	爬蟲類
體長／體重	含尾部可達56公分／2.3公斤
食性	肉食性：小型哺乳類、鳥、爬蟲類、蛋
分布	北美洲西南部
受脅程度	近危物種

06/27
三角枯葉蛙
Long-nosed horned frog

三角枯葉蛙跟雨林地面上的枯葉長得相似，牠們頭很大、嘴巴很寬，而且叫聲聽起來更像蟾蜍。這種兇猛的掠食者甚至敢攻擊蝎子，因為獵物根本無法發現牠們的存在。

學名	*Pelobatrachus nasuta*
類群	兩棲類
體長	可達12.7公分
食性	肉食性：蛛形綱動物、囓齒動物、蜥蜴、螃蟹、其他青蛙
分布	東南洲
受脅程度	無危物種

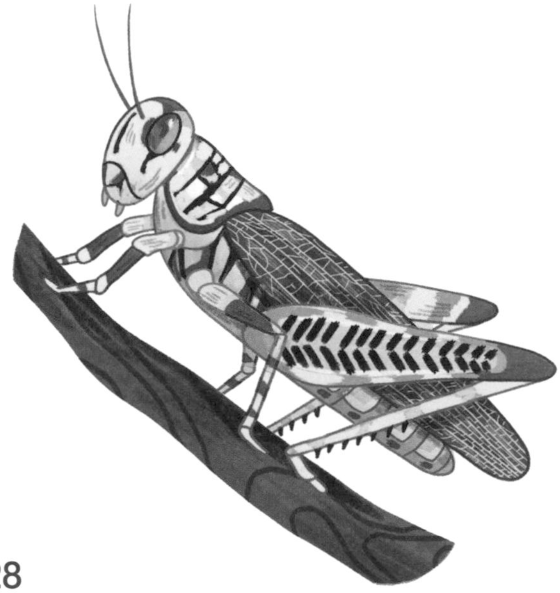

06/28
短角外斑腿蝗
Short-horned grasshopper

此種蚱蜢會用鼓膜來聆聽彼此的歌聲，鼓膜是位於翅膀下方腹部兩側的薄膜，可響應聲波而振動。牠們用後腿摩擦前翅，發出獨特的蟲鳴。

學名	*Poecilotettix sanguineus*
類群	無脊椎動物
體長	可達3公分
食性	草食性：草、樹葉
分布	北美洲
受脅程度	未評估物種

06/29
公子小丑魚 Clownfish

生活在珊瑚礁上，與海葵是互利共生關係（參閱p.215）。小丑魚身上覆蓋著一層保護性黏液，能夠在海葵的有毒觸手中生活和築巢，也受到海葵的保護，免受掠食者的侵害。小丑魚則會幫忙吃掉寄生蟲，以及利用尾巴搧動海水改善水循環，讓海葵能從水中獲取所需的氧氣。

學名	*Amphiprion ocellaris*
類群	魚類
體長／體重	可達11公分／220公克
食性	雜食性：藻類、浮游生物、多毛類蠕蟲
分布	印度洋、太平洋
受脅程度	無危物種

06/30
黑紅象鼩 Elephant shrew

因長鼻子而得名，會用長鼻子從土裡挖出甲蟲和蜈蚣來吃，牠們能向上彈跳一公尺高，且能迅速奔跑以躲避捕食者。黑紅象鼩擁有占地廣闊的地域性，利用森林和林地的落葉在地面上築巢。

學名	*Rhynchocyon petersi*
類群	哺乳類
體長／體重	含尾部可達56公分／700公克
食性	肉食性：昆蟲
分布	東非
受脅程度	無危物種

07月（ July ）

07/01
胡德島象龜 Española giant tortoise

世上最大的陸龜之一，是加拉巴哥群島象龜的其中一員。每天可以花16個小時在懸垂的岩石下休息、在水坑中打滾，或是在陽光下取暖，其餘時間則會尋找草、仙人掌和水果來吃。牠們長長的脖子和四肢能隨意地伸長，以尋找樹上的食物。

學名	*Chelonoidis hoodensis*
類群	爬蟲類
體長／體重	可達1公尺／70公斤
食性	草食性：草、水果
分布	南美洲
受脅程度	極危物種

07/02

緋紅金剛鸚鵡 Scarlet macaw

又稱為五彩金剛鸚鵡，這種社交性很強的鸚鵡飛翔在雨林的樹冠上，生活在可能多達50隻鳥的家庭群體。終生只會有一個配偶，並一起在高樹上築巢、照顧蛋和幼鳥。牠們可以吃對其他鳥類有毒的未成熟水果，也會在陡峭的河岸上集體「舔黏土」，科學家認為是在利用富含「鈉」的黏土來補充所需的鹽分。

學名	*Ara macao*
類群	鳥類
展翅寬度／體重	可達1公尺／1.1公斤
食性	雜食性：堅果、水果、昆蟲、花蜜
分布	中南美洲
受脅程度	無危物種

07/03
穴兔 European rabbit

穴兔不僅跑得快、可以跳離地面一公尺高，耳朵還能翻轉270度。因為是許多動物最喜歡捕捉的獵物，所以牠們隨時保持警戒。穴兔出沒在任何可以挖洞的地方，巢穴非常大，最多可容納30隻兔子和幼兔。

學名	*Oryctolagus cuniculus*
類群	哺乳類
體長／體重	可達40公分／2.5公斤
食性	草食性：草、香草、根、種子、樹皮
分布	歐洲
受脅程度	瀕危物種

07/04
歐洲鼴鼠 European mole

這種擁有鵝絨般皮毛的哺乳動物，會在農田、草地和花園下挖掘地道系統，鬆散的土壤會被推到地上而形成明顯的鼴鼠丘。牠們每天至少需吃50克蠕蟲，並會將活蟲儲存在專屬的「食品儲藏室」供日後享用。

學名	*Talpa europaea*
類群	哺乳類
體長／體重	含尾部可達24公分／128公克
食性	肉食性：蠕蟲、昆蟲幼蟲
分布	歐洲
受脅程度	無危物種

07/05
豹紋變色龍 Panther chameleon

原生於馬達加斯加島，生活在河流附近的森林中，有著又長又黏的舌頭可以舔食昆蟲，還有能轉動不同方向的眼睛。為了在攀爬時抓住樹枝，腳上的5個腳趾已被融成兩趾組，一組有2個腳趾，另一組則有3個腳趾。牠們可以迅速變色，以吸引配偶或與對手正面對決。

學名	*Furcifer pardalis*
類群	爬蟲類
體長／體重	可達50公分／180公克
食性	雜食性：昆蟲、用植物補充水分
分布	非洲
受脅程度	無危物種

07/06
傘蜥蜴 Frill-necked lizard

傘蜥蜴的尾巴大約是身體長度的三分之二，居住在乾燥森林中，能有良好的保護色。身為伏擊掠食者，多數時間都在樹上度過，但雨後會爬到地面。如果受到威脅，會豎起頸部的傘狀薄膜，也能以時速高達25公里的速度逃跑或追逐獵物。

學名	*Chlamydosaurus kingii*
類群	爬蟲類
體長／體重	含尾部可達1.1公尺／800公克
食性	肉食性：昆蟲、毛毛蟲、小型哺乳類
分布	澳洲
受脅程度	無危物種

07/07

馬來熊 Sun bear

在熊家族中體型最小，有著黑短毛、圓耳朵和彎曲前腿的馬來熊，英文名叫「Sun bear」，源自於胸前的一塊耀眼金色毛髮。長而彎曲的爪子可以鑿地、挖開巢穴和爬樹，並有著靈敏嗅覺可以尋找食物。在日落和夜晚期間覓食，會用25公分長的舌頭從蜂巢中舔食蜂蜜，以及從土丘中挖出白蟻。與大多數的熊不同，馬來熊不需要冬眠，因為牠們全年都能找到食物來源。

學名	*Helarctos malayanus*
類群	哺乳類
體長／體重	含尾部可達1.5公尺／90公斤
食性	雜食性：白蟻、螞蟻、蜜蜂幼蟲、蜂蜜
分布	東南亞
受脅程度	易危物種

07/08

北美紅雀 Northern cardinal

雄雌雀都能唱出不同曲調的鳥叫聲。在白雪覆蓋的景色下，雄雀的鮮豔顏色和羽冠很容易辨識，而且富含紅色素的莓果吃得越多，羽毛顏色就會越鮮紅。雄雀會盡全力保護繁殖區域，甚至會攻擊在玻璃倒影中的自己！

學名	*Cardinalis cardinalis*
類群	鳥類
展翅寬度／體重	可達30公分／50公克
食性	雜食性：種子、昆蟲、水果
分布	北美洲
受脅程度	無危物種

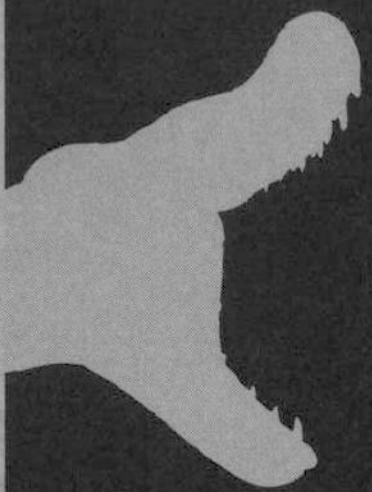

擁有尖牙與利齒的動物

有些動物與生俱來擁有十分強大的尖牙和咬合力，這讓我們能窺知不少關於牠們的生活之道。大部分動物在狩獵時，都會使用這些武器捕食獵物，但也有一些動物是只在受到威脅時，才會用來防禦。

07/09
美洲豹 Jaguar

美洲虎的咬合力比其他大型貓科動物都強大（約是老虎的2倍），可以咬破烏龜的殼和凱門鱷如鎧甲似的外皮。

學名	*Panthera onca*
類群	哺乳類
體長／體重	含尾部可達2.75公尺／120公斤
食性	肉食性：凱門鱷、猴子、魚、鳥
分布	中南美洲
受脅程度	近危物種

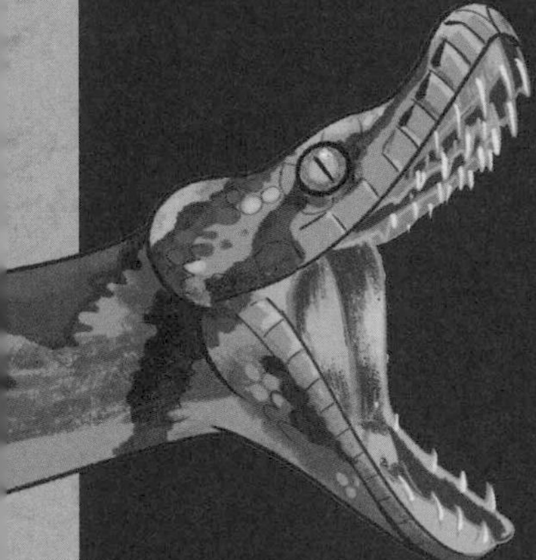

07/10
緬甸蟒 Burmese python

是世界上最大的蛇種之一，有著驚人的張口能力，並能咬住比自己頭部寬4倍的獵物。緬甸蟒有120顆牙齒（上顎2排，下顎1排），獵物從老鼠到鱷魚皆來者不拒，會盤繞並蜷住獵物，再整個吞下。

學名	*Python bivittatus*
類群	爬蟲類
體長／體重	含尾部可達7公尺／110公斤
食性	肉食性：哺乳類、鳥、爬蟲類
分布	東南亞
受脅程度	瀕危物種

07/11
歐氏尖吻鮫 Goblin shark

又稱為哥布林鯊，可以透過顎周邊的韌帶，能彈出與鼻子相同長度的上顎，藉此來捕獲獵物，而且還能把嘴張得很大。其稱為「勞倫氏壺腹」的感知器官則有助於牠們在黑暗中找到獵物。

學名	*Mitsukurina owstoni*
類群	魚類
體長／體重	可達6公尺／210公斤
食性	肉食性：龍魚、魷魚、甲殼類
分布	大西洋、太平洋、印度洋
受脅程度	無危物種

07/12
囊鰓鰻 Gulper eel

這是一種長相奇特的生物，長度如鞭子般的尾巴佔了大部分的身長，而巨大的嘴巴也佔了身體的三分之一。如果吞食了大魚，胃部也能跟著撐大。

學名	*Saccopharynx ampullaceus*
類群	魚類
體長／體重	可達1.6公尺／20公斤
食性	肉食性：小型魚、魷魚、蝦
分布	大西洋
受脅程度	無危物種

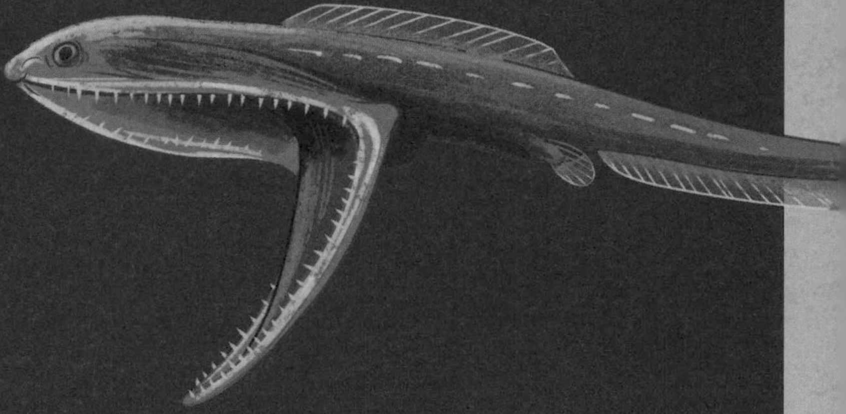

07/13
斑點鬣狗 Spotted hyena

斑點鬣狗是兇猛的掠食者和食腐動物，下巴和牙齒非常堅固，咬合力比大多數相同體型的動物更強大。除了角之外，會吃掉獵物身上的一切，包括骨頭。

學名	*Crocuta crocuta*
類群	哺乳類
體長／體重	含尾部可達1.9公尺／80公斤
食性	肉食性：斑馬、瞪羚、牛羚、水牛、長頸鹿
分布	非洲
受脅程度	無危物種

07/14
河馬 Hippopotamus

河馬的咬合力足以將鱷魚一分為二，但作為草食動物，只在受到威脅時，才會攻擊其他動物。牠們有著非常鋒利的牙齒，而且以這樣的體型和重量所能使出的力氣，絕對具有高危險性。

學名	*Hippopotamus amphibius*
類群	哺乳類
體長／體重	含尾部可達5.6公尺／4公噸
食性	草食性：草、水果、水生植物
分布	非洲
受脅程度	易危物種

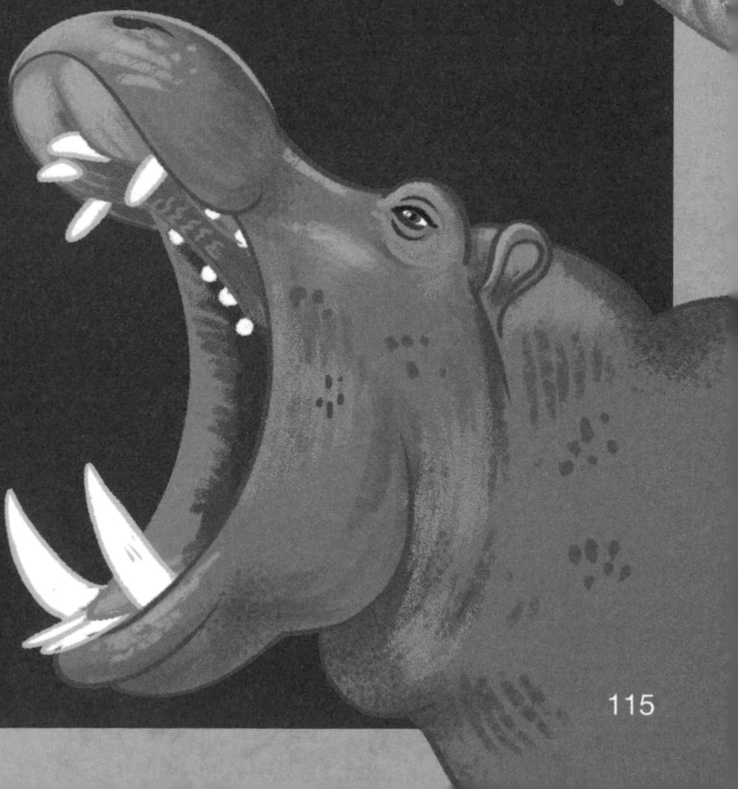

07/15

非洲草原象 African savanna elephant

是地球上現存最大型的陸地動物。生活在由母象及幼象組成的家庭群組中，總數可多達70隻，並由一隻占主導地位的年長母象領導。幼象由群體撫養，直到8歲才獨立。如果公象還年輕或需要交配，會留下與象群一起生活。牠們每天需要大量進食，當天氣炎熱時，經常一天長征40公里的距離，以尋找草、樹木和水源。

學名	*Loxodonta africana*
類群	哺乳類
體長／體重	含尾部可達7.3公尺／7公噸
食性	草食性：草、樹葉、樹皮、水果
分布	非洲
受脅程度	瀕危物種

07/16

北方長頸鹿 Northern giraffe

是世界上最高的哺乳動物，長脖子使牠們能在高樹上覓食。頸部的椎骨數量有7塊，與人類相同，但每塊椎骨卻有25公分長。長頸鹿特別喜歡帶刺的金合歡樹的葉子和枝芽，舌頭和嘴巴裡的堅韌組織讓牠們不為尖刺所苦。長頸鹿生活在由雌性長頸鹿和長頸鹿寶寶組成的小家庭群體。

學名	*Giraffa camelopardalis*
類群	哺乳類
體長／體重	含尾部可達5.7公尺／1.9公噸
食性	草食性：樹葉、花、水果
分布	非洲
受脅程度	易危物種

07/17
海蟾蜍 Cane toad

當受到威脅時，海蟾蜍的有毒皮膚會分泌致命的乳白色液體，即使還是蝌蚪時期，若被吃掉也能使大多數動物中毒。海蟾蜍利用視覺和嗅覺來尋找獵物，並且會吃各種動物。又被稱為「甘蔗蟾蜍」，因為農民會利用牠們來消滅甘蔗作物中的害蟲。

學名	*Rhinella marina*
類群	兩棲類
體長／體重	可達25公分／1.5公斤
食性	雜食性：小型哺乳類、鳥、無脊椎動物、植物
分布	中南美洲
受脅程度	無危物種

07/18
長頸鹿象鼻蟲 Giraffe weevil

這種甲蟲原產於馬達加斯加島，有著會讓人想起長頸鹿的超長脖子，尤其雄蟲的脖子長度是雌蟲的2-3倍。鮮紅色的前翅覆蓋並保護脆弱的飛翼。這些象鼻蟲以特定種類的樹種為食。交配後，雄蟲會把樹上的葉子捲成管狀，讓雌蟲在葉裡產卵。

學名	*Trachelophorus giraffa*
類群	無脊椎動物
體長	可達2.5公分
食性	草食性：樹葉
分布	非洲
受脅程度	近危物種

07/19

霓虹脂鯉 Neon tetra

在亞馬遜盆地的溫暖水域中，這種特殊的魚會成群結隊地游泳，並隨著環境的光照而改變顏色，在陰暗水域中會變得暗淡，在陽光明媚的溪流中則會變成亮藍色。其變色的能力可以躲避掠食者，也可以免受紫外線輻射的傷害。霓虹脂鯉可以在需要時快速移動，每小時可達24 公里。

學名	*Paracheirodon innesi*
類群	魚類
體長	可達4公分
食性	雜食性：蠕蟲、昆蟲幼蟲、藻類
分布	南美洲
受脅程度	未評估物種

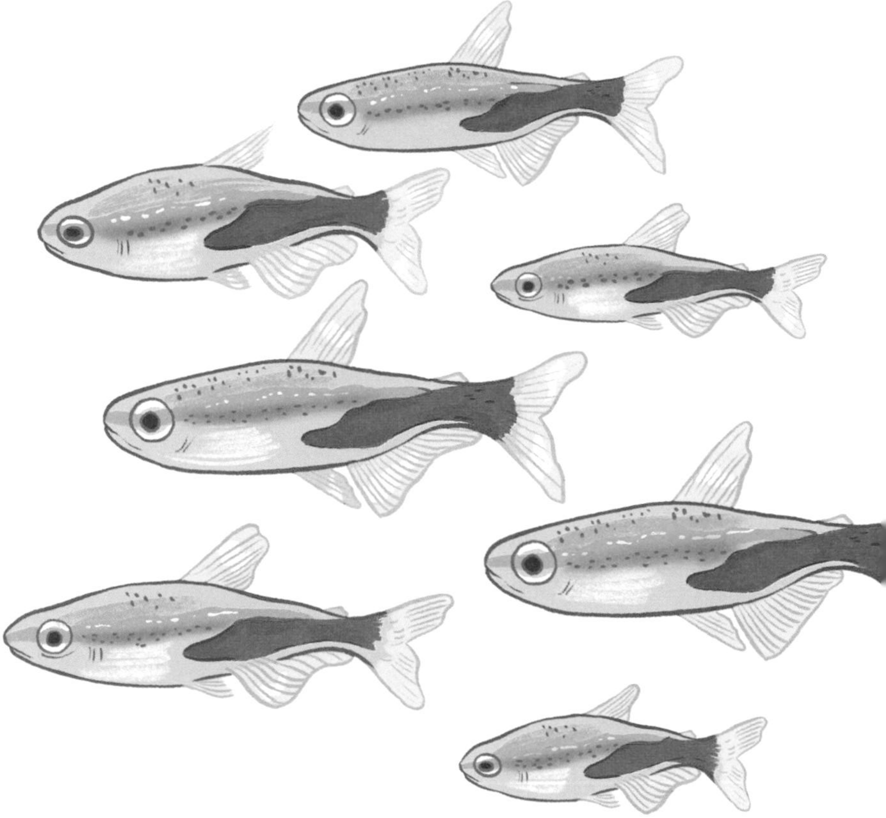

07/20

歐洲倉鼠 European hamster

又稱為黑腹倉鼠，除非是帶有幼鼠的母倉鼠，否則通常獨居。生活在數公尺長、深達2公尺的地下洞穴裡，其中有起居室、食物儲藏室和廁所。歐洲倉鼠會冬眠（參閱p.172-173），偶爾會醒來吃儲藏室儲存的食物。

學名	*Cricetus cricetus*
類群	哺乳類
體長／體重	含尾部可達40公分／450公克
食性	雜食性：種子、草、昆蟲
分布	歐洲、西亞
受脅程度	極危物種

自由自在飛行的動物

對於擁有翅膀的絕多數動物來說，飛翔是輕而易舉的事情，但也有一些哺乳類、爬蟲類和魚類，牠們雖然沒有翅膀，卻能驚奇地滑翔和飛行。

07/21

南方美洲飛鼠

Southern flying squirrel

這種夜間性的飛鼠之所以能夠「飛行」，是因為擁有具降落傘功能的飛膜（連接上下足踝的皮膜），讓牠們從樹上一躍而下時，能滑翔至90公尺遠的距離。

學名	*Glaucomys volans*
類群	哺乳類
體長／體重	含尾部可達39公分／90公克
食性	雜食性：莓果、種子、樹皮、堅果、昆蟲
分布	北美洲東南部
受脅程度	無危物種

07/22

天堂金花蛇

Paradise tree snake

會把自己的身體壓平，從樹上滑行到地面捕捉獵物，而且會如波浪狀般擺動扭曲來控制飛行方向。

學名	*Chrysopelea paradisi*
類群	爬蟲類
體長／體重	可達1公尺／1公斤
食性	肉食性：蜥蜴、青蛙、其他小型哺乳動物
分布	東南亞
受脅程度	無危物種

07/23

普通飛蜥 Flying dragon lizard

這種蜥蜴生活在熱帶雨林，有一組由皮膜連接的長肋骨，可以像翅膀一樣伸展並乘著風滑行。

學名	*Draco volans*
類群	爬蟲類
體長／體重	可達21公分／110公克
食性	肉食性：螞蟻
分布	東南亞
受脅程度	無危物種

07/24
長耳蝠 Rey long-eared bat

所有蝙蝠類都因為多關節的翅膀，而具有很強的機動性，可以說甚至比空中的鳥類更有效率。當蝙蝠在夜間捕食時，會使用迴聲定位尋找獵物，透過聆聽迴聲導航至昆蟲的位置。

學名	*Plecotus austriacus*
類群	哺乳類
展翅寬度／體重	含可達30公分／12公克
食性	肉食性：蛾、甲蟲、飛蟻
分布	歐洲
受脅程度	近危物種

07/25
安地斯神鷲
Andean condor

生活在海拔5,000公尺高的安第斯山脈，擁有世界上展翅寬度最大的一對翅膀。牠們可以在不拍動翅膀的情況下，翱翔超過150公里的距離。

學名	*Vultur gryphus*
類群	鳥類
展翅寬度／體重	可達3.3公尺／15公斤
食性	肉食性：腐肉
分布	南美洲西部
受脅程度	易危物種

07/26
羽鬚鰭飛魚 Bennett's flying fish

為了躲避水中的掠食者，擁有魚雷形狀的飛魚，會把鰭平貼在身體上，「飛出」海面上1公尺高、200公尺遠，並能以超過50公里的時速飛離水面，但卻也會成為鳥類的獵物！

學名	*Cheilopogon pinnatibarbatus*
類群	魚類
體長／體重	可達50公分／1公斤
食性	雜食性：浮游生物、甲殼類
分布	太平洋東南海域
受脅程度	無危物種

07/27

苔蘚蛙 Vietnamese mossy frog

這種半水生兩棲類也被稱為東京爆眼蛙，棲息在充滿水的樹洞或潮濕的苔蘚中，只會露出眼睛以靜觀其變。當受到蛇或其他捕食者的威脅時，會捲成球狀並裝死來逃過一劫。

學名	*Theloderma corticale*
類群	兩棲類
體長	可達8公分
食性	肉食性：蟋蟀、蟑螂
分布	亞洲
受脅程度	無危物種

07/28

七星瓢蟲 Seven-spot ladybird

2個紅色翅殼上有7個對稱的黑點，使這種昆蟲很容易辨識。七星瓢蟲會冬眠，並在春天尋找食物。園丁們相當喜歡牠們，因為在長達一年的生命中，可以幫忙吃掉多達5,000隻蚜蟲。

學名	*Coccinella septempunctata*
類群	無脊椎動物
體長	可達8公釐
食性	肉食性：蚜蟲、其他昆蟲
分布	歐洲、亞洲、北美洲
受脅程度	未評估物種

07/29

東草地鷚 Eastern meadowlark

這種鳥喜歡成群在田野裡捕食昆蟲，當找到柵欄柱或其他棲息處後，就會盡情地發出如口哨般的聲音。在地面上時會用走的，而在空中時，會快速地撲動翅膀並進行短距離滑翔。

學名	*Sturnella magna*
類群	鳥類
展翅寬度／體重	可達40公分／150公克
食性	雜食性：昆蟲、水果、種子、毛毛蟲
分布	北美洲、南美洲北部
受脅程度	近危物種

07/30

鴨嘴獸 Duck-billed platypus

鴨嘴獸擁有厚重的皮毛，可以防水且有保持溫暖和乾燥的作用，且能在水裡閉氣停留長達2分鐘。當閉上鼻孔時，可以利用「感電器官」偵測獵物和躲避障礙。鴨嘴獸是單孔類動物，即是卵生哺乳類動物。

學名	*Ornithorhynchus anatinus*
類群	哺乳類
體長／體重	含尾部可達63公分／3公斤
食性	肉食性：蠕蟲、幼蟲、貝類
分布	澳洲東部
受脅程度	近危物種

07/31

掌狀歐螈 Palmate newt

掌狀歐螈是淡水兩棲動物，常見於沼澤、荒地和泥塘的淺水池。大部分時間都在茂密的水生植被中度過，天黑後才出現在開闊的水域，也經常能在地面的木塊或其他植物殘堆下發現其蹤影。

學名	*Lissotriton helveticus*
類群	兩棲類
體長／體重	可達9.5公分／160公克
食性	肉食性：無脊椎動物、蝌蚪、其他蠑螈
分布	西歐
受脅程度	無危物種

08月（ August ）

08/01
丹頂鶴 Red-crowned crane

一對丹頂鶴展開雙翅，對著天空呼喊、齊聲起舞，這種求偶儀式鞏固了丹頂鶴的終生配偶關係。兩隻鶴會一起築巢並分擔孵蛋的責任。牠們在深水沼澤中覓食，會一邊行走，一邊用長長的嘴探尋水流。

學名	*Grus japonensis*
類群	鳥類
展翅寬／體重	可達2.5公尺／10公斤
食性	雜食性：螃蟹、魚、蠕蟲、草、蘆葦
分布	東亞
受脅程度	近危物種

08/02
紅背松鼠猴
Black-crowned squirrel monkey

紅背松鼠猴因快速、敏捷的攀爬和跳躍方式而得名。牠們在地面上時，會用四肢行走並奔跑，並在雨林各植被層尋找食物。群體數量最多可達100隻，但會以較小的「群組」形式覓食。幼猴在初期會騎在母猴的背上移動，但隨後則由群體中的其他母猴照顧。

學名	*Saimiri oerstedii*
類群	哺乳類
體長／體重	含尾部可達76公分／950公克
食性	雜食性：昆蟲、水果、小型哺乳動物（包括蝙蝠）
分布	中美洲西部
受脅程度	瀕危物種

08/03
馬達加斯加日守宮
Giant day gecko

這種壁虎原生於馬達加斯加島，通常出現在森林的大樹上或緊貼在城鎮建築物的牆壁。牠們沒有爪子，但腳上的薄鱗片覆蓋著毛狀的剛毛，能夠攀爬光滑表面。馬達加斯加日守宮沒有眼瞼，所以會用長舌頭舔眼睛以保持濕潤和乾淨，且地域意識強，只允許雌壁虎進入自己的領地。

學名	*Phelsuma grandis*
類群	爬蟲類
體長／體重	含尾部可達30公分／70公克
食性	雜食性：昆蟲、螃蟹、花蜜
分布	非洲
受脅程度	無危物種

08/04
英雄翠鳳蝶
Blue mountain swallowtail

又稱為天堂鳳蝶，這種非常美麗的蝴蝶通常出現在熱帶雨林的樹冠層裡。牠們壽命非常短，從1週到8個月不等，會遷移以尋找溫暖的氣候和食物。

學名	*Papilio ulysses*
類群	無脊椎動物
展翅寬度	可達14公分
食性	草食性：花、花蜜
分布	澳洲、亞洲
受脅程度	未評估物種

08/05
笑翠鳥 Laughing kookaburra

特徵鮮明的笑翠鳥生活在靠近水邊的茂密林地裡，會在10公尺高的山膠樹上築巢。一整年的清晨和傍晚都會發出獨特的叫聲，聽起來跟人類的笑聲極為相似，也會鳴唱不同叫聲與其他為數不多的翠鳥科鳥類交談。

學名	*Dacelo novaeguineae*
類群	鳥類
展翅寬度／體重	可達65公分／465公克
食性	肉食性：昆蟲、蠕蟲、甲殼類、魚、青蛙
分布	澳洲東部
受脅程度	無危物種

08/06
大硨磲 Giant clam

又稱為巨蚌，是地球上最大的軟體動物，屬雙殼類動物，生活在珊瑚礁的溫暖水域中。當完全長大後，就無法把殼闔上，並會以過濾海水的方式，吃進微小的浮游植物和動物，以及海水中其他營養物質。

學名	*Tridacna gigas*
類群	無脊椎動物
體長／體重	可達1.5公尺／250公斤
食性	雜食性：浮游動物、浮游植物
分布	印度洋、太平洋
受脅程度	易危物種

08/07
大鴇 Great bustard

雄鴇的體型有可能會比雌鴇大1.5倍，並且有著長達20公分的鬍鬚狀白色羽毛。牠們生活在草原，成群結隊地遊蕩尋找食物。除了在春季交配外，雄鴇和雌鴇都分群生活。雄鴇會在「求偶場」的區域進行對決，展示華麗羽毛以得到雌鴇的青睞。

學名	*Otis tarda*
類群	鳥類
展翅寬度／體重	可達2.7公尺／21公斤
食性	雜食性：芽、樹葉、莓果、花、昆蟲
分布	亞洲、南歐
受脅程度	易危物種

08/08
黑犀牛 Black rhinoceros

體型龐大的黑犀牛生活在稀樹草原和灌木叢。白天炎熱時，會在陰涼處打盹或在淺泥池中打滾，並在涼爽或夜間時尋找食物和水源。牠們主要以灌木或樹木為食，而不是草。犀牛角的作用在於保衛領地、保護小犀牛、挖土找水和折斷樹枝。犀牛角由角蛋白組成，有如人類的頭髮和指甲，並且會在一生中不間斷地生長。

學名	*Diceros bicornis*
類群	哺乳類
體長／體重	含尾部可達4.5公尺／1.4公噸
食性	草食性：木本植物、樹葉
分布	非洲
受脅程度	極危物種

08/09

南美枯葉魚 Amazon leaf fish

南美枯葉魚是真正的偽裝大師，在水中看起來就像落葉，且為了適應周圍環境可以從棕色變成黃色，甚至還能模仿樹葉在淺水中漂流的樣子，使獵物根本毫無防備之心。牠們擁有一張巨大的嘴，能以0.2秒或更短的速度攻擊獵物。

學名	*Monocirrhus polyacanthus*
類群	魚類
體長	可達10公分
食性	肉食性：魚、昆蟲
分布	南美洲
受脅程度	未評估物種

以樹木為家的動物

樹木為許多動物提供了食物來源和庇護場所，但在樹上生活也並非是一件輕鬆的事。為了克服各種挑戰，無論是身體或習性上的改變，動物們找到了不同的方式來適應環境。

08/10

旋木雀 Treecreeper

旋木鳥會爬上樹幹尋找昆蟲、棲息和築巢，但牠們不會從樹上爬下，而是飛撲地面，再重新爬上來。其明亮的潔白下巴能將光線反射到木頭上，有助於在樹皮的縫隙中發現獵物。

學名	*Certhia familiaris*
類群	鳥類
展翅寬度／體重	可達21公分／12公克
食性	雜食性：昆蟲、蜘蛛、種子
分布	歐洲、亞洲
受脅程度	無危物種

08/11

丹砂扁甲 Flat bark beetle

丹砂扁甲的身形就是動物如何適應居住處的典型例子。扁平的身體使牠們能夠在腐爛的枯樹樹皮下爬行，找到生存所需的真菌類和幼蟲。

學名	*Cucujus cinnaberinus*
類群	無脊椎動物
體長	可達1.5公分
食性	雜食性：樹皮、昆蟲幼蟲、真菌類
分布	歐洲
受脅程度	近危物種

08/12

歐亞紅松鼠 Red squirrel

這種松鼠是敏捷的攀爬專家，能夠在樹枝間跳躍超過2公尺，腳踝也因為有雙關節，能以頭部朝下的方式，從樹上爬下。小松鼠出生在高樹的巢穴中，巢穴是用小樹枝搭成，裡面鋪滿了苔蘚、草和樹葉。因為不冬眠（參閱p.172-173），所以會儲存冬天所需的食物。

學名	*Sciurus vulgaris*
類群	哺乳類
體長／體重	含尾部可達44公分／350公克
食性	雜食性：種子、真菌類、樹皮、蛋
分布	歐洲、亞洲
受脅程度	無危物種

08/13
海南長臂猿 Hainan gibbon

這種長臂猿僅發現於中國沿海的海南島。鉤狀的手臂使其能長時間懸掛在樹上，並輕鬆地在樹枝間擺盪。每擺動一次手臂，能以每小時55公里的速度，盪到12公尺遠的距離。

學名	*Nomascus hainanus*
類群	哺乳類
體長╱體重	可達50公分╱10公斤
食性	雜食性：樹葉、新芽、水果、蛋、昆蟲
分布	亞洲
受脅程度	極危物種

08/14
翡翠巨蜥 Emerald tree monitor

生活在巴布亞紐幾內亞的雨林裡，這種細長的巨蜥用尾巴當作第5隻腳，會將自己盤繞蜷曲在樹枝上，並用趾爪在樹林中移動。以雄蜥占主導地位的小群體，會一起覓食休息。

學名	*Varanus prasinus*
類群	爬蟲類
體長╱體重	含尾部可達91公分╱300公克
食性	肉食性：昆蟲、青蛙、蜥蜴、小型哺乳動物
分布	亞洲
受脅程度	無危物種

08/15
蜜熊 Kinkajou

這種哺乳動物因外表顏色而被稱為蜜熊，大部分時間都在雨林的樹上度過。牠們屬夜行性，經常用長尾巴倒掛著進食，白天則睡在樹洞裡。

學名	*Potos flavus*
類群	哺乳類
體長╱體重	含尾部可達1.3公尺╱4.5公斤
食性	雜食性：水果、昆蟲、花蜜
分布	中美洲、南美洲北部
受脅程度	無危物種

08/16

蘇ㄙㄨ門ㄇㄣˊ答ㄉㄚˊ臘ㄌㄚˋ猩ㄒㄧㄥ猩ㄒㄧㄥ

Sumatran orangutan

蘇門答臘島是世界上唯一有老虎、猩猩和大象（參閱p.207）共同居住的地方。這種紅毛猩猩幾乎完全棲息在樹上，會用長臂在樹上擺盪，其雙臂張開的長度約為2.2公尺。每天晚上都會將樹枝拉在一起，並用細枝和樹葉交錯編織成休息的睡窩。

學名	*Pongo abelii*
類群	哺乳類
體長／體重	可達1.5公尺／89公斤
食性	雜食性：水果、樹葉、種子、昆蟲
分布	東南亞
受脅程度	極危物種

08/17

蘇門答臘虎 Sumatran tiger

是虎科中最小的成員，只生活在蘇門答臘島，具有老虎中最細窄的條紋，而這點正好有助於藏身在茂密的熱帶森林中，且每隻老虎的條紋都是獨一無二。蘇門答臘虎在夜間捕食野豬和鹿，追捕速度每小時可達95公里。

學名	*Panthera tigris*
類群	哺乳類
體長／體重	含尾部可達3.4公尺／140公斤
食性	肉食性：鹿、野豬、獼猴
分布	東南亞
受脅程度	極危物種

08/18
山瞪羚 Mountain gazelle

這種以樹叢類為主食的草食性動物生活在最多8隻的小型群體中，要是發生乾旱，會從食物中獲取水分。山瞪羚是少數雄雌都有角的哺乳動物，雄瞪羚的角較寬且較長，可用來擊退對手。卓越的體格和長腿讓牠們受到捕食者威脅時，能以每小時80公里的速度飛奔而逃。

學名	*Gazella gazella*
類群	哺乳類
體長／體重	含尾部可達1.3公尺／30公斤
食性	草食性：樹葉、草、灌木
分布	非洲、亞洲
受脅程度	瀕危物種

08/19
綠蟾蜍 European green toad

從高原、山區、半沙漠到城市都是牠們的棲息地，但不管是哪裡都會在靠近水源處出沒。白天會躲在巢穴中，通常是地底洞穴，待在低窪處以保持涼爽。綠蟾蜍會定期蛻皮，並隨著高溫或光的變化而改變顏色。

學名	*Bufotes viridis*
類群	兩棲類
體長／體重	可達12公分／100公克
食性	肉食性：無脊椎動物
分布	西歐
受脅程度	無危物種

08/20
魔鬼蓑鮋 Red lionfish

又稱為獅子魚，母魚每年可產下約200萬顆卵。這種伏擊掠食者在溫暖的熱帶水域中，緩慢移動或保持靜止，等待小魚送上門來。牠們會伸出如翅膀般的胸鰭困住獵物，再將其吞下。當受到沿海鯊魚等掠食者攻擊時，背部的毒刺能用來保護自己。

學名	*Pterois volitans*
類群	魚類
體長／體重	可達38公分／1.2公斤
食性	肉食性：甲殼類、魚
分布	印度洋、太平洋
受脅程度	無危物種

08/21
褐鵜鶘 Brown pelican

是鵜鶘科最小的成員，也是僅有的兩種能潛入海中捕食的鵜鶘之一，但因為氣囊在水中具浮力，因此無法深潛。牠們的鳥喙長達23公分，並可以在20公尺高的空中發現近水面的魚隻，再利用喙下方的喉囊叼起魚。在吞下獵物前，會將喙向下傾斜以排出水分。褐鵜鶘通常會成群棲息於海岸，並在那裡築巢、捕魚和飛行。

學名	*Pelecanus occidentalis*
類群	鳥類
展翅寬度／體重	可達2.3公尺／4.9公斤
食性	肉食性：魚、沙丁魚、蝦子、腐肉
分布	南美洲
受脅程度	無危物種

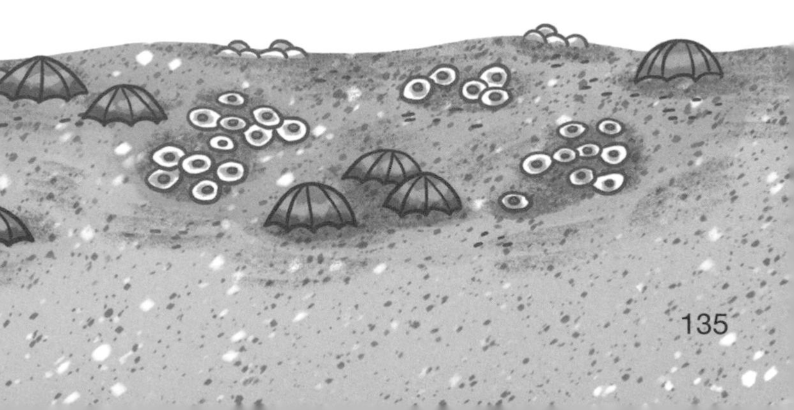

08/22
土狼 Aardwolf

又稱為冠鬣狗，與土豚或狼都不同屬也無關，土狼是一種生活在草原或林地的食蟲鬣狗。其英文名字「Aardwolf」的直譯即是「土狼」。白天在地底挖隧道睡覺，夜幕低垂時才會出來覓食，並用牠又長又黏的舌頭舔食。一夜之間可吞食25萬隻白蟻。

學名	*Proteles cristatus*
類群	哺乳類
體長／體重	含尾部可達1.1公尺／14公斤
食性	肉食性：白蟻、幼蟲、卵
分布	非洲東部及南部
受脅程度	無危物種

08/23
非洲紅胸蜘蛛 African hermit spider

這種蜘蛛是編織專家，會用細絲織成一張球狀網，網的側面有一個漏斗狀的休息處，以供藏身之需。生活在熱帶地區的母蜘蛛，習慣在網裡度日，這些網通常附著在樹幹、岩石或屋頂懸垂物，而公蜘蛛的體型相較之下則顯得特別嬌小。其絲線非常堅固，讓飛蟲進入陷阱時，也能不被扯破。

學名	*Nephilingis cruentata*
類群	無脊椎動物
展足寬度	可達7公分（母蜘蛛）
食性	肉食性：蟋蟀、其他昆蟲、蜘蛛
分布	非洲
受脅程度	無危物種

08/24

亞馬遜樹蚺 Amazon tree boa

亞馬遜樹蚺會於地面捕獵，並在樹枝間移動，但其實大多時間都在雨林高處度過。牠們屬於夜行性，會纏繞在樹枝等待伏擊負鼠、蠶蜥或蝙蝠等獵物。當獵物接近時，會從樹枝盪下來，並用有抓握能力的尾巴固定，再把獵物整個吞食，接著回到樹枝上，並在一週內慢慢消化。

學名	*Corallus hortulana*
類群	爬蟲類
體長／體重	可達2公尺／900公克
食性	肉食性：小型哺乳動物、蜥蜴、鳥
分布	南美洲
受脅程度	無危物種

08/25

鑽嘴魚 Copperband butterflyfish

又稱為三間火箭蝶魚，會在棲息的珊瑚和海草床中游動。幼魚會成群悠游，但成魚通常單獨或成對行動。其圓又扁的身體看似蝴蝶的翅膀，細長的鼻子適合從狹窄縫隙中捕食小型無脊椎動物，身體兩側的假眼則有助於避開鰻魚、鯊魚和其他捕食者的攻擊。

學名	*Chelmon rostratus*
類群	魚類
體長	可達20公分
食性	肉食性：甲殼類、蝦、管蟲
分布	印度洋、太平洋
受脅程度	無危物種

棲息在珊瑚礁附近的動物

珊瑚礁是由微小海洋動物共同建造的水底建築，也是海洋生物的重要棲息地。據估計，這些珊瑚礁養育著25%的海洋生物，其中包括約4,000種的已知魚類。

08/26

綠蠵龜 Green sea turtle

綠蠵龜和珊瑚礁有著共生關係。海龜扮演著「園丁」的角色，以海草和海綿為食，以防生長過剩，而珊瑚礁則為海龜提供食物和庇護的環境。

學名	*Chelonia mydas*
類群	爬蟲類
體長／體重	可達1.4公尺／180公斤
食性	雜食性：藻類、海草、水母
分布	印度洋、太平洋、大西洋
受脅程度	瀕危物種

08/27

條紋海馬 Zebra seahorse

在澳洲北部的溫暖水域裡，珊瑚為條紋海馬提供了充足的食物和藏身之處。條紋海馬會用尾巴將自己固定在海面下70公尺深的珊瑚或海藻上。

學名	*Hippocampus zebra*
類群	魚類
體長	可達9公分
食性	肉食性：小型甲殼類
分布	印度洋、太平洋
受脅程度	數據缺乏

08/28

波氏刺尻魚 Potter's angelfish

顏色鮮豔的波氏刺尻魚與同樣多彩的珊瑚礁棲息地，可以說是融為一體。牠們有著梳狀牙齒，白天可以從堅硬的珊瑚礁表面拔出食物來吃，夜間則隱身於縫隙中。

學名	*Centropyge potteri*
類群	魚類
體長	可達15公分
食性	雜食性：藻類、海洋無脊椎動物
分布	太平洋
受脅程度	無危物種

08/29

鯨鯊 Whale shark

鯨鯊是海洋中最大的魚類，在熱帶和溫帶海洋中緩慢游動。珊瑚礁是浮游生物和磷蝦的繁殖地，而磷蝦便是鯨鯊最喜歡的食物。這些有著寬嘴巴的鯨鯊，會聚集在食物豐富的珊瑚礁附近濾食。

學名	*Rhincodon typus*
類群	魚類
體長／體重	可達14公尺／23公噸
食性	雜食性：浮游生物、磷蝦、藻類、幼蟲
分布	大西洋、印度洋、太平洋
受脅程度	瀕危物種

08/30

印太瓶鼻海豚 Indo-pacific bottlenose dolphin

成群的印太瓶鼻海豚會用身體摩擦珊瑚，把珊瑚分泌的黏液塗在身上，並也會教海豚寶寶這樣做。經科學家研究後，發現黏液中含有抗菌功能的代謝化合物，對海豚的皮膚有治療的功能。

學名	*Tursiops aduncus*
類群	哺乳類
體長／體重	可達2.7公尺／230公斤
食性	肉食性：魚、烏賊、章魚
分布	印度洋、太平洋
受脅程度	近危物種

08/31

加勒比礁章魚 Caribbean reef octopus

這是有著長觸手的小章魚，其身體部分僅12公分長，會噴出黑色墨汁形成層層海底雲霧來嚇阻掠食者。生活在南美洲北海岸的珊瑚礁，晚上會出沒在海底尋找甲殼類動物。

學名	*Octopus briareus*
類群	無脊椎動物
體長／體重	可達60公分／1.5公斤
食性	肉食性：螃蟹、蛤蜊、龍蝦、海螺
分布	大西洋
受脅程度	無危物種

09月（ September ）

09/01

長吻飛旋海豚 Spinner dolphin

以炫技而聞名，因為經常躍出水面扭轉身體，且最多能旋轉7圈，再落入海面濺起水花，但是這樣做可能是為了清除寄生蟲、吸引配偶或與群體交流。牠們會成群地在夜間獵食，時常追趕魚隻直至形成密集的魚群，以便輕鬆地捕食。

學名	*Stenella longirostris*
類群	哺乳類
體長／體重	可達2.3公尺／80公斤
食性	肉食性：魚、魷魚、蝦
分布	太平洋、大西洋、印度洋
受脅程度	近危物種

09/02

歐洲狗獾 Eurasian badger

又稱為歐亞獾，這種強而有力的動物生活在地底下，一個窩可棲息多達8隻獾。在夜間獨自嗅出獵物，一晚能挖出並吃掉200多條蠕蟲，並且會吃掉任何能找到的東西。牠們會兇猛地保衛領地，而其鬆垮的皮膚讓任何攻擊者都難以抓住。

學名	*Meles meles*
類群	哺乳類
體長／體重	含尾部可達1.2公尺／12公斤
食性	雜食性：蠕蟲、蝸牛、水果、植物
分布	歐洲、中亞
受脅程度	無危物種

09/03

南美偽珊瑚蛇 False coral snake

這條蛇有天生的保護利器，因為外表看似有毒的珊瑚蛇，所以掠食者懂得避開。牠們生活在雨林中，每天清晨或傍晚會在地面上捕獵，主要捕食其他蛇類，並通常會從蛇的尾巴開始進食。

學名	*Erythrolamprus aesculapii*
類群	爬蟲類
體長／體重	可達1.6公尺／55公克
食性	肉食性：蛇、魚、蠕蟲、蜥蜴
分布	南美洲
受脅程度	無危物種

09/04

鳳尾綠咬鵑 Resplendent quetzal

鳳尾綠咬鵑是瓜地馬拉的國鳥，生活在中美洲雲霧森林的樹冠上，擁有鳥類中最華麗的尾巴之一，全身頂著多彩羽毛，在光線照射下閃閃發光。其尾巴長達1公尺，幾乎是身體長度的2倍。

學名	*Pharomachrus mocinno*
類群	鳥類
展翅寬度／體重	可達55公分／210公克
食性	雜食性：主食為水果，也吃昆蟲、小青蛙、蜥蜴
分布	中美洲
受脅程度	近危物種

09/05

圭亞那中部斑蟾 Central Coast stubfoot toad

這種蟾蜍沒有外部聲囊，在保衛領地或吸引配偶時，只能發出距離8公分內才能聽見的叫聲。可於低地雨林中湍急的溪流附近發現蹤跡，並會在水中產卵，而孵化出的蝌蚪會緊緊攀附在岩石上。

學名	*Atelopus franciscus*
類群	兩棲類
體長	可達2.7公分
食性	肉食性：昆蟲、其他無脊椎動物
分布	南美洲東北部
受脅程度	無危物種

身懷致命武器的動物

為了捕捉獵物或保護自己，動物們身有五花八門的絕活妙招，有些甚至伴隨著令人意想不到的驚喜。以下來介紹幾種世界上最致命的動物刺客。

09/06
黑頭林鵙鶲 Hooded pitohui

生活在新幾內亞熱帶森林的黑頭林鵙鶲，連羽毛都有毒！牠們從擬花螢科甲蟲裡，攝取了一種目前所知最強的天然毒素物質。

學名	*Pitohui dichrous*
類群	鳥類
展翅寬度／體重	可達23公分／76公克
食性	雜食性：水果、種子、甲蟲、蒼蠅
分布	亞洲
受脅程度	無危物種

09/07
歐洲食蚜蠅 Yellow assassin fly

這種掠食者也被稱為強盜蠅，外型神似大黃蜂，因此掠食者會誤以為食蚜蠅帶有螫刺，但其攻擊方式其實是直接撲向毫無戒心的小型昆蟲。

學名	*Laphria flava*
類群	無脊椎動物
體長	可達2.5公分
食性	肉食性：昆蟲、幼蟲
分布	歐洲
受脅程度	未評估物種

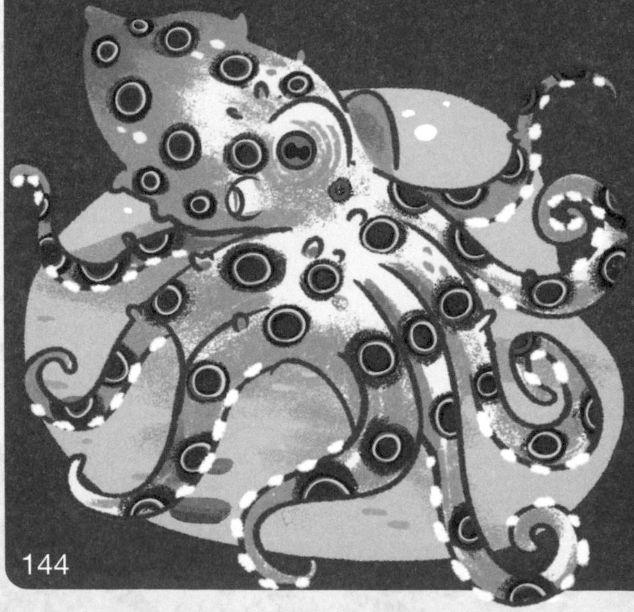

09/08
大藍環章魚 Greater blue-ringed octopus

這隻章魚雖然只有鉛筆般大的體型，但卻是毒性最強的海洋動物之一。唾液中含有兩種毒液，其一可以用來癱瘓獵物，其二則用於防禦，被咬到能致人於死。

學名	*Hapalochlaena lunulata*
類群	無脊椎動物
體長／體重	含觸手可達15公分／100公克
食性	肉食性：小螃蟹、蝦、魚
分布	印度洋、太平洋
受脅程度	無危物種

09/09

大鱷龜 Alligator snapping turtle

大鱷龜只需保持不動，張開嘴並擺動如蟲般的粉色舌頭即可吸引獵物上門，待魚隻游進來就瞬間闔嘴緊咬不放。牠們是最大的淡水龜之一，可以在水裡一次停留長達50分鐘。

學名	*Macrochelys temminckii*
類群	爬蟲類
體長／體重	含尾部可達1公尺／90公斤
食性	肉食性：魚、軟體動物、烏龜、昆蟲
分布	北美洲
受脅程度	易危物種

09/10

黑豹 Black panther

這種黑皮毛、黃眼睛的黑豹在夜間捕食時，能與周圍的漆黑環境融為一體。牠們走路輕柔、動作敏捷，利用有力的下顎和鋒利的牙齒發動攻擊。黑豹非單一物種，這裡指的是黑化型的美洲豹。

學名	*Panthera onca*
類群	哺乳類
體長／體重	含尾部可達3公尺／160公斤
食性	肉食性：鹿、野豬、浣熊
分布	南美洲
受脅程度	近危物種

09/11

森林響尾蛇 Timber rattlesnake

與其他響尾蛇一樣，這種毒蛇的鼻孔和眼睛之間有頰窩，可以感知溫度的變化，這有助於在夜間捕獵恆溫囓齒動物。偽裝能力極佳，因此在攻擊和獵殺之前能完美融入周圍環境。

學名	*Crotalus horridus*
類群	爬蟲類
體長／體重	可達2公尺／1公斤
食性	肉食性：松鼠、兔子、鳥、蜥蜴、青蛙
分布	北美洲東部
受脅程度	無危物種

09/12
四趾刺猬 Four-toed hedgehog

生活在疏林草原和大草原，當受到威脅時，會把身體縮成葡萄柚般大小的球狀。屬夜行性動物，依靠強烈的嗅覺和出色的聽覺，在黑暗中尋找食物。如果天氣太冷或太熱，可能會冬眠或夏眠（參閱p.172-173），並在岩石或空心樹中築巢。

學名	*Atelerix albiventris*
類群	哺乳類
體長／體重	可達28公分／1公斤
食性	雜食性：昆蟲、蜘蛛、蠍子、種子、植物根部
分布	中美洲
受脅程度	無危物種

09/13
湯森大耳蝠
Townsend's big-eared bat

耳朵可以收集聲音，並幫助調節蝙蝠的體溫，當在操縱飛行方向和懸停在空中時，還能提供上升浮力。這些蝙蝠棲息在洞穴、懸崖和岩石壁上。夏季時，母蝙蝠會集結可容納高達1,000隻蝙蝠的育嬰群。

學名	*Corynorhinus townsendii*
類群	哺乳類
展翅寬度／體重	可達33公分／14公克
食性	肉食性：蛾、蒼蠅、甲蟲
分布	北美洲
受脅程度	無危物種

09/14

白翅圓尾鸌 White-winged petrel

白翅圓尾鸌會從海面或海面附近捕食，並經常與其他海鳥和海豚一起覓食。在岩石縫隙或樹洞中繁殖後，成鳥和幼鳥會一起遷徙，這一年遷徙時間都在海上度過。每年都會成對返回同一築巢地點進行繁殖。

學名	*Pterodroma leucoptera*
類群	鳥類
展翅寬度／體重	可達75公分／200公克
食性	肉食性：魷魚、魚、磷蝦
分布	太平洋
受脅程度	易危物種

09/15

半帶皺唇鯊 Leopard shark

又稱豹紋真鯊，這種細長的鯊魚只生活在加州和墨西哥海岸的溫暖水域，會與魟魚和其他鯊魚一起成群游動。牠們喜歡海灣和河口的沙質底部，並利用潮汐進出河海口交界。其嘴巴裡光滑、重疊的牙齒可以輕易咬碎獵物的硬殼。

學名	*Triakis semifasciata*
類群	魚類
體長／體重	可達2公尺／19公斤
食性	肉食性：螃蟹、蝦、魚、蠕蟲
分布	太平洋
受脅程度	無危物種

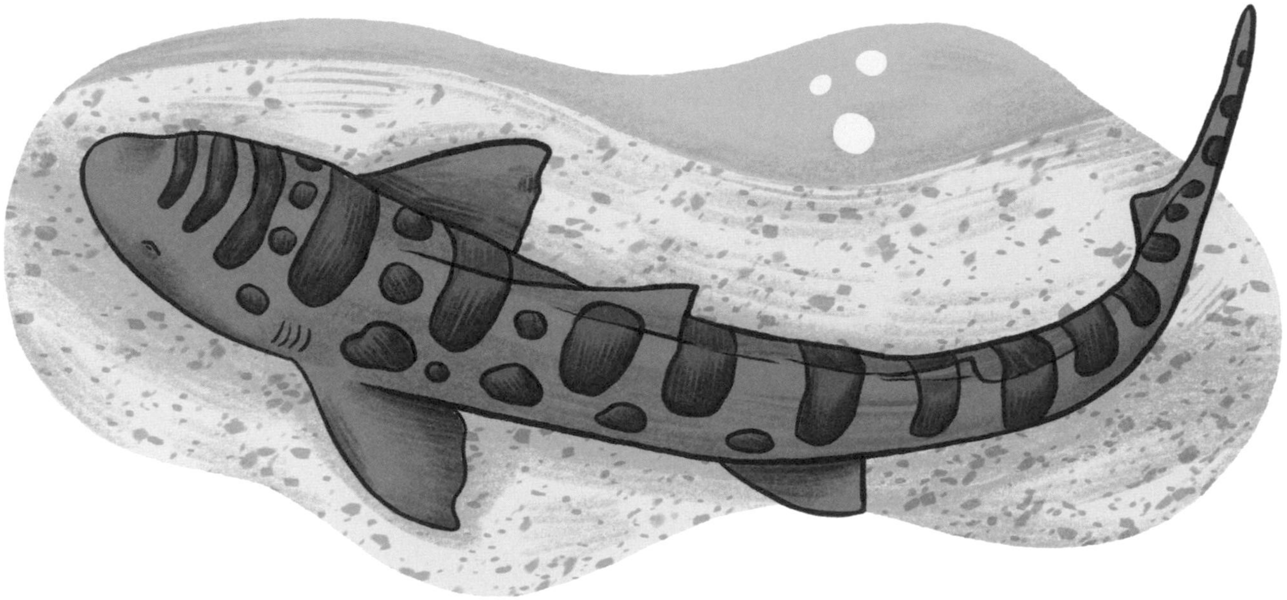

09/16

雪鴞 Snowy owl

雪鴞會停在附近的瞭望點，聆聽動靜並轉動頭部以確定聲音的來源，接著張開翅膀，幾乎無聲地俯衝而下，抓住從雪地上逃跑的旅鼠。雪鴞能從地面、空中或水面上捕食，並將獵物整個吞下，或是將較大的獵物帶回棲息處，撕成小塊後再吃。

學名	*Bubo scandiacus*
類群	鳥類
展翅寬度／體重	可達1.7公尺／3公斤
食性	肉食性：旅鼠、田鼠、北極兔、鴨子、魚
分布	北美洲、歐洲、亞洲北部
受脅程度	易危物種

09/17

非洲野犬 African wild dog

這隻「彩斑狗」以群居方式生活和狩獵，一個群體最多可容納20隻成犬以及牠們的幼犬。成年犬群會用眼睛來尋找和捕獵大型獵物，能以高達每小時55公里的速度追逐數公里遠。

學名	*Lycaon pictus*
類群	哺乳類
體長／體重	含尾部可達1.5公尺／36公斤
食性	肉食性：黑斑羚、瞪羚、牛羚、水牛、囓齒動物、鳥
分布	非洲
受脅程度	瀕危物種

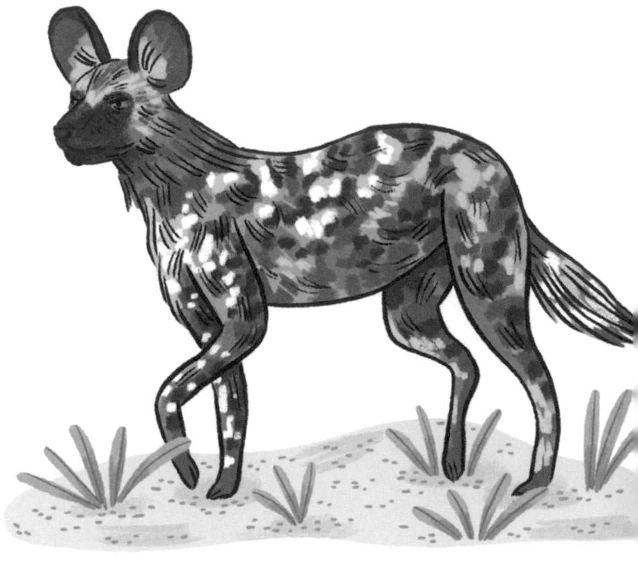

09/18

圓眼珍珠蛙 Budgett's frog

又稱為小丑蛙。當受到威脅時，這種青蛙會膨脹，並從嘴巴發出響亮的叫聲以嚇阻攻擊者。屬夜行性動物，會坐等獵物上門的捕食者類型。將自己浸入水中至鼻孔處，直到獵物靠近，再用如齒狀的上下顎和兩顆鋒利的尖牙咬住獵物。

學名	*Lepidobatrachus laevis*
類群	兩棲類
體長／體重	可達13公分／225公克
食性	肉食性：蟋蟀、螺、蠕蟲、魚
分布	南美洲中部
受脅程度	無危物種

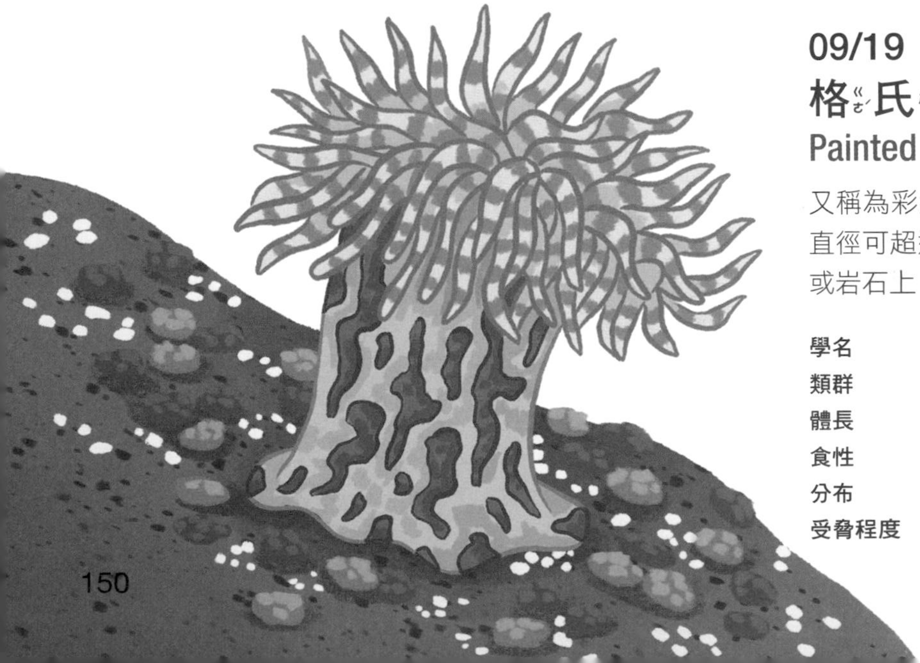

09/19

格氏麗花海葵

Painted anemone

又稱為彩繪海葵，有著用來防禦的帶刺觸鬚，其冠部直徑可超過25公分。這種無脊椎動物會附著在大圓石或岩石上，並在淺水中的岩壁和裂縫裡生活。

學名	*Urticina grebelnyi*
類群	無脊椎動物
體長	可達50公分
食性	肉食性：蝦、磷蝦、淡菜、魚
分布	大西洋、太平洋
受脅程度	未評估物種

09/20

蛇鷲 Secretary bird

又稱為祕書鳥，這種威嚴的猛禽步行多於飛行，能穿越非洲平原尋找蛇和蜥蜴。「祕書鳥」的俗稱來自於頭上的羽冠，看起來像一排羽毛筆，有如19世紀的辦公職員經常會把羽毛筆插放在耳後的樣子。牠們在吃掉獵物前，會以踩踏的方式殺死獵物，甚至是毒蛇也是如此。

學名	*Sagittarius serpentarius*
類群	鳥類
展翅寬度／體重	可達2公尺／4.3公斤
食性	肉食性：蛇、昆蟲、老鼠、蜥蜴、鳥
分布	非洲
受脅程度	瀕危物種

動物的酷寒生存之道

在嚴寒的氣候中，動物要生存的首要任務就是保持溫暖。對抗寒冷的方法有很多種，例如擁有厚重的防寒毛皮或羽毛、找尋適合的避寒處過冬、直接進入冬眠，或是讓你更意想不到的抗寒方法。

09/21
渡鴉 Raven

快速的新陳代謝可以產生大量的熱量，好讓渡鴉保持溫暖。其鼻孔和身體上的特殊羽毛也具有保暖作用，蓬鬆起來便能將溫暖空氣保留在羽毛空隙中。

學名	*Corvus corax*
類群	鳥類
展翅寬度／體重	可達1.5公尺／2公斤
食性	雜食性：小型動物、莓果
分布	歐洲、亞洲、北美洲、北非
受脅程度	無危物種

09/22
北極兔 Arctic hare

為了在苔原上生存，北極兔有著厚重的皮毛和腳掌，以幫助隔絕冰雪的寒冷。在極嚴峻的的冰冷氣候下，會一起窩在小雪洞裡避寒。

學名	*Lepus arcticus*
類群	哺乳類
體長／體重	含尾部可達75公分／7公斤
食性	雜食性：木本植物、苔蘚、莓果、魚
分布	北美洲東北部
受脅程度	無危物種

09/23
美洲旱獺 Groundhog

又稱為北美土撥鼠，牠們跟睡美人一樣，整個冬天都會在洞穴中冬眠（參閱p.172-173）。冬眠時，所有身體行動和其他機能都大量減少，且雙層毛皮也具有保暖和防水的功用。

學名	*Marmota monax*
類群	哺乳類
體長／體重	含尾部可達82公分／6公斤
食性	雜食性：草、樹葉、樹皮、昆蟲
分布	北美洲
受脅程度	無危物種

09/24
馴鹿 Caribou

馴鹿的鼻孔裡有彎曲的骨頭，且鼻腔裡的血管能把吸入的冰冷空氣加溫。牠們會用鹿角清除積雪，寬大的鹿蹄也有利於在冰雪中行走，並能深掘到土裡以尋找食物。

學名	*Rangifer tarandus*
類群	哺乳類
體長／體重	含尾部可達2.2公尺／300公斤
食性	草食性：地衣、草、植物、真菌類
分布	北美洲北部、歐洲、亞洲
受脅程度	無危物種

09/25
頭帶冰魚 Blackfin icefish

頭帶冰魚的白色血液中，含有抗凍蛋白，可以阻止體內結冰，且能在零下2℃的水溫中生存。

學名	*Chaenocephalus aceratus*
類群	魚類
體長／體重	可達70公分／3.7公斤
食性	肉食性：魚、磷蝦
分布	南冰洋
受脅程度	未評估物種

09/26
白鯨 Beluga whale

當在北極水域游動時，白鯨有著一層比陸地哺乳動物厚100倍的脂肪可以保暖。由於沒有背鰭，所以在浮冰中游泳時，可能會受傷。

學名	*Delphinapterus leucas*
類群	哺乳類
體長／體重	可達6公尺／1.6公噸
食性	肉食性：章魚、烏賊、螃蟹、沙蟲、魚
分布	北極海
受脅程度	無危物種

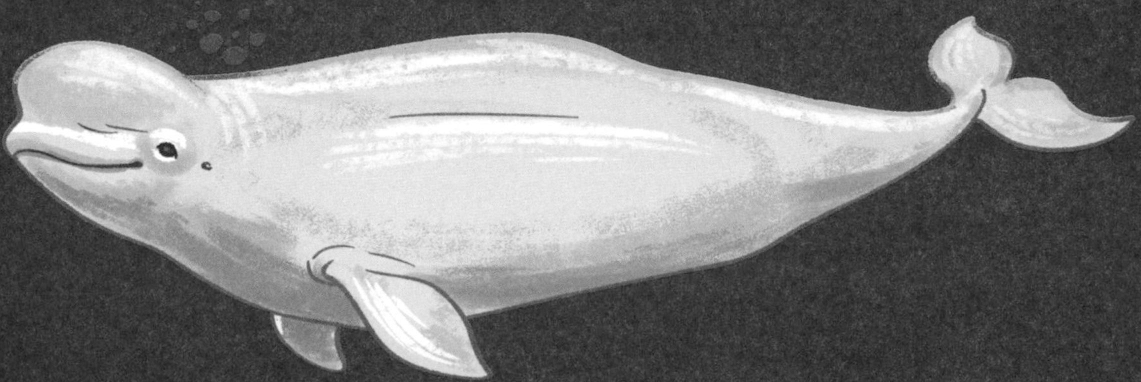

09/27
胡錦雀 Gouldian finch

又稱為七彩文鳥，非常喜愛社交，經常與其他鳥類群聚，會棲息在靠近水源的草地和平原。牠們生活在尤加利樹上，在樹幹的空心處以草築巢，雄雌鳥都會負責孵蛋並照顧幼鳥。

學名	*Chloebia gouldiae*
類群	鳥類
展翅寬度／體重	可達14公分／14公克
食性	雜食性：草籽、穀類、昆蟲
分布	澳洲北部
受脅程度	無危物種

09/28
灰鼠 Achallo

這種大耳囓齒動物，也被稱為高原龍貓鼠，在岩層的巨石堆上生活。所居住的高原地區氣溫經常很低，因此有著厚皮毛來保暖。牠們是優秀的攀爬高手，能快速攀爬於岩石上和樹木間，以躲避鷹、鷲和蛇的攻擊。

學名	*Chinchillula sahamae*
類群	哺乳類
體長／體重	含尾部可達27公分／134公克
食性	草食性：草、樹葉、種子
分布	南美洲西北部
受脅程度	無危物種

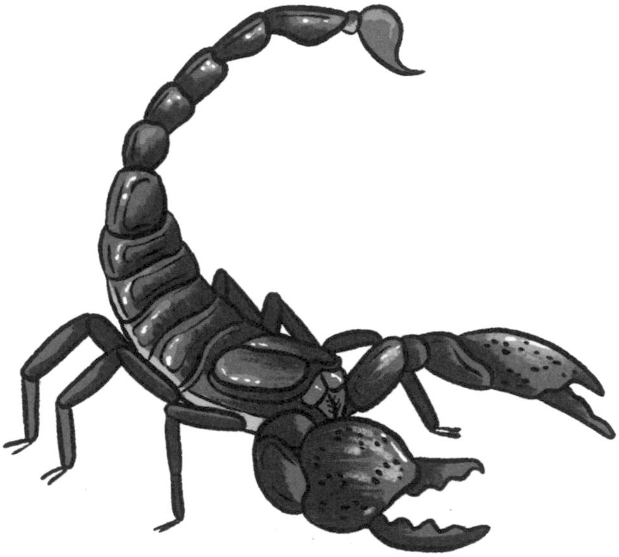

09/29
帝王蠍 Emperor scorpion

世界上最大的蠍子之一，生活在海岸附近的熱帶雨林和疏林草原，雖然尾尖有刺，但主要用爪子捕捉獵物。剛出生的蠍子是白色且身體柔軟，會由母蠍背著活動10-20天，直至幼蠍的外骨骼變硬。

學名	*Pandinus imperator*
類群	無脊椎動物
體長／體重	可達20公分／30公克
食性	肉食性：昆蟲、小型囓齒動物
分布	西非
受脅程度	未評估物種

09/30
納氏鷂鱝 Spotted eagle ray

又稱為雪花鴨嘴燕魟，這些鰩魚進出潟湖和河口，並在珊瑚礁周圍游動，會從泥沙中尋找無脊椎動物。在開放水域中，會成群地靠近水面游泳。如果鰩魚被掠食者追逐，可能會躍出水面躲避攻擊，有時甚至會跳上船隻！

學名	*Aetobatus narinari*
類群	魚類
寬度／體重	可達3.5公尺／230公斤
食性	肉食性：蚌類、生蠔、烏賊、魚
分布	大西洋、太平洋、印度洋
受脅程度	瀕危物種

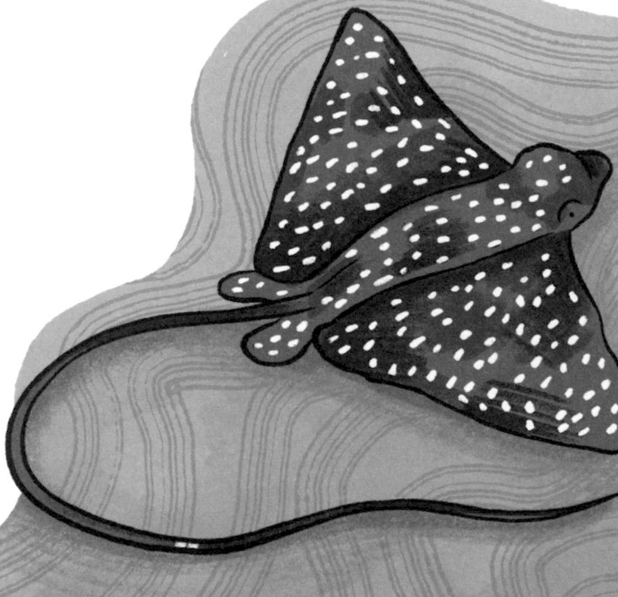

10月（ October ）

10/01
紅大袋鼠 Red kangaroo

紅大袋鼠會成群地生活，主要由母袋鼠和小袋鼠組成約10隻的小家庭群體。當公袋鼠互相較勁時，會以「拳打腳踢」的方式決定交配權。牠們是體型最大的有袋動物，會將小袋鼠放在育兒袋中。當袋鼠出生時，只有雷根糖那麼大，從產道爬到母袋鼠身上的皮毛後，繼續向上爬進育兒袋，並待滿8個月才會離開。

學名	*Osphranter rufus*
類群	哺乳類
體長／體重	含尾部可達2.4公尺／92公斤
食性	草食性：草、樹葉、水果、種子
分布	澳洲
受脅程度	無危物種

10/02
加納巨虎蝸 Giant tiger land snail

世界上最大的陸地蝸牛之一，細窄型的蝸殼長度是身寬的2倍。因為需要「鈣」幫助殼的生長，所以儘管蝸牛是食草動物，但也會吃在森林中所發現的蛋殼和骨頭。

學名	*Achatina achatina*
類群	無脊椎動物
體長／體重	可達39公分／120公克
食性	雜食性：樹葉、花、莖、水果、堅果、蛋殼、骨頭
分布	西非
受脅程度	未評估物種

10/03
瘦駝 Vicuña

又稱為小羊駝，是駱駝科最小的成員，因為經常是美洲獅和安地斯神鷲（參閱p.121）的獵捕對象，所以他們擁有敏捷的腳步，而且遇到危險時，會發出口哨聲以警告其他羊駝。牠們生活在安第斯山脈的高海拔草原，擁有如絲的皮毛，可以包覆溫暖空氣而不受冬季冰凍氣候的影響。

學名	*Vicugna vicugna*
類群	哺乳類
體長／體重	含尾部可達1.8公尺／65公斤
食性	草食性：草、灌木
分布	南美洲
受脅程度	無危物種

10/04
紅腹鈴蟾 European fire-bellied toad

如果受到攻擊，紅腹鈴蟾會四腳朝天，露出「紅腹」嚇跑掠食者。如果行不通，會透過皮膚排出能造成灼傷和打噴嚏的毒素。牠們生活在沼澤或草地濕地，並在樹幹下和樹根裡冬眠（參閱p.172-173）。

學名	*Bombina bombina*
類群	兩棲類
體長／體重	可達5.3公分／13.7公克
食性	肉食性：蟋蟀、螞蟻、蠕蟲
分布	歐洲
受脅程度	無危物種

10/05
皇獠狨 Emperor tamarin

德國威廉二世有著非常漂亮的鬍鬚，而這種小型靈長類動物即是以他的名字命名。牠們以最多15隻的家庭群體，生活在亞馬遜雨林的樹冠中上層，其尾巴比身體更長，且會用利爪鑿開樹幹，吃進流出的樹膠。

學名	*Saguinus imperator*
類群	哺乳類
體長／體重	含尾部可達66公分／500公克
食性	雜食性：樹膠、水果、花、青蛙、蜥蜴、昆蟲
分布	南美洲西北部
受脅程度	無危物種

10/06
黃頸亞馬遜鸚鵡
Yellow-naped parrot

伴隨著響亮、刺耳的叫聲和口哨聲，這些興致高昂的鸚鵡會以龐大群體飛過熱帶森林。如果感到緊張不安，會以搧動尾巴、快速縮放瞳孔等行為反映情緒。牠們善於模仿，能學習人類說出的單字或句子。

學名	*Amazona auropalliata*
類群	鳥類
展翅寬度／體重	可達20公分／680公克
食性	草食性：種子、堅果、水果、樹葉
分布	中美洲
受脅程度	極危物種

10/07
眼斑龍蝦 Spiny lobster

這種無螯龍蝦生活在加勒比海的海草床、岩石和珊瑚礁。生命週期始於海岸線的育苗區，會定期脫殼並長出新殼。當長得夠大時，便會移動至近海珊瑚礁，與其他多達50隻的龍蝦一同列隊遷徙。

學名	*Panulirus argus*
類群	無脊椎動物
體長／體重	可達45公分／4.5公斤
食性	肉食性：海螺、軟體動物、蠕蟲、蝦
分布	大西洋
受脅程度	數據缺乏

10/08
獾狐狓 Okapi

又稱為歐卡皮鹿。在剛果民主共和國的伊圖里森林深處，生活著孤獨且善於偽裝的偶蹄目哺乳動物。獾㹢狓是長頸鹿（參閱p.117）唯一有親緣關係的種類，其柔軟如絨的皮毛具油脂，有防水的功用。只有雄性有短角，並且角向後傾斜，以避免被植物纏住。

學名	*Okapia johnstoni*
類群	哺乳類
體長／體重	含尾部可達2.6公尺／350公斤
食性	草食性：葉、樹枝、水果、黏土
分布	中美洲
受脅程度	瀕危物種

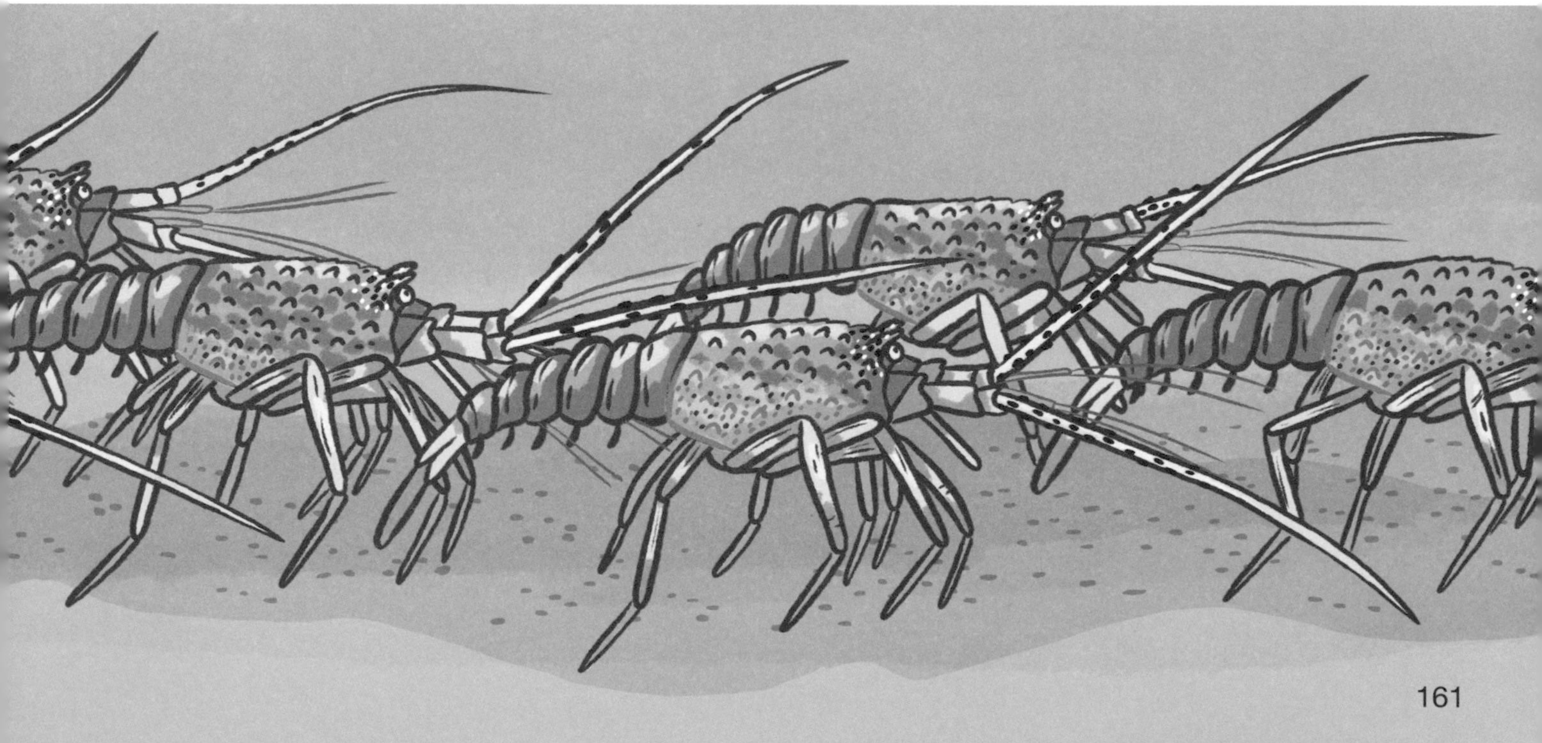

動物的夜行生活

夜行性動物在黑暗中活動的原因有很多種，可能是為了避開白天的炎熱，也可能是為了躲避掠食者，因此許多動物發展出不可思議的感官能力，幫助牠們在黑暗中任意遊走並保持安全。

10/09

東美螢火蟲 Big dipper firefly

又稱為北斗七星螢火蟲。雄螢火蟲於夏季飛越林地和田野，飛行時會發出較長的黃色閃光來吸引配偶，雌螢火蟲則會發出單一閃光回應。

學名	*Photinus pyralis*
類群	無脊椎動物
體長	可達1.5公分
食性	雜食性：昆蟲、花蜜、蛞蝓、蠕蟲
分布	北美洲東南部
受脅程度	無危物種

10/10

袋獾 Tasmanian devil

又稱為塔斯馬尼亞惡魔，這種有袋動物的敏銳嗅覺有助於在夜間尋找獵物。牠們的咆哮聲和尖叫聲，在寂靜的夜裡能傳得很遠，這便是被稱為「魔鬼」的原因。

學名	*Sarcophilus harrisii*
類群	哺乳類
體長／體重	含尾部可達1.1公尺／12公斤
食性	肉食性：袋熊、小袋鼠、羊、兔子、腐肉
分布	澳洲
受脅程度	瀕危物種

10/11

秘魯夜猴 Andean night monkey

牠們只生活在秘魯北部潮濕的雲霧森林裡，夜間會以最多6隻組成的群組行動和覓食，白天則睡在樹洞裡。

學名	*Aotus miconax*
類群	哺乳類
體長／體重	含尾部可達50公分／1.1公斤
食性	雜食性：水果、花、葉、昆蟲
分布	南美洲
受脅程度	瀕危物種

10/12
朗多倭嬰猴 Rondo dwarf galago

僅原生於坦尚尼亞，有一條比身體還長的尾巴，一雙大眼睛幫助在黑暗中具有夜視能力，大大的耳朵則能敏銳聽見附近的危險動靜。

學名	*Paragalago rondoensis*
類群	哺乳類
體長／體重	不含尾部可達 13.7 公分／60 公克
食性	雜食性：昆蟲、水果、花
分布	東非
受脅程度	瀕危物種

10/13
獨眼巨人天蠶蛾
Polyphemus moth

這種大蠶蛾只在毛毛蟲時期進食。在白天破繭而出，讓翅膀在陽光下變得強壯，但隨後則變成夜行性，且壽命不到一週。其後翅中間的大斑點與眼睛神似，可以嚇跑掠食者。

學名	*Antheraea polyphemus*
類群	無脊椎動物
展翅寬度	可達 15 公分
食性	草食性：葉子、芽、灌木
分布	北美洲
受脅程度	無危物種

10/14
歐亞夜鷹 Nightjar

夜鶯是最具偽裝能力之一的鳥類。白天於地面築巢或不動地棲息在樹上；在黃昏和夜間，眼睛善於鎖定正在飛行的昆蟲，再用寬大的嘴巴捕食。

學名	*Caprimulgus europaeus*
類群	鳥類
展翅寬度／體重	可達 60 公分／100 公克
食性	肉食性：飛蟲、螢火蟲
分布	歐洲、非洲、亞洲
受脅程度	無危物種

10/15
鴕鳥 Ostrich

鴕鳥雖然不會飛，但是跑得非常快，衝刺速度每小時可達70公里。脖子幾乎是高度的一半，是世界上最大、最重的鳥類，也能產下最大的蛋，相當於24顆雞蛋的蛋量！鴕鳥也是稱職的鳥父母，會輪流保護幼鳥不受斑點鬣狗（參閱p.115）等掠食者的攻擊。在烈日下，還會讓小鴕鳥躲在自己身體下遮陽，並在走動時，教牠們如何尋找食物和進食。

學名	*Struthio camelus*
類群	鳥類
體長／體重	可達2.8公尺／158公斤
食性	雜食性：根、葉、種子、昆蟲、蜥蜴、囓齒動物
分布	非洲
受脅程度	無危物種

10/16
雙吻前口蝠鱝 Giant oceanic manta ray

又稱為鬼蝠魟，是世界上最大的魟魚。牠們是濾食動物，但也會捕食魚類，並像大翅鯨（參閱p.72）一樣會躍出水面。大多在開放的海域中悠游，且會潛入海下1,000公尺深處捕食浮游動物。這種蝠鱝的大腦相對體型大小，是所有已知魚類當中最大的。

學名	*Mobula birostris*
類群	魚類
展鰭寬度／體重	可達7公尺／2公噸
食性	肉食性：浮游動物、魚類、幼蟲
分布	大西洋、太平洋、印度洋
受脅程度	瀕危物種

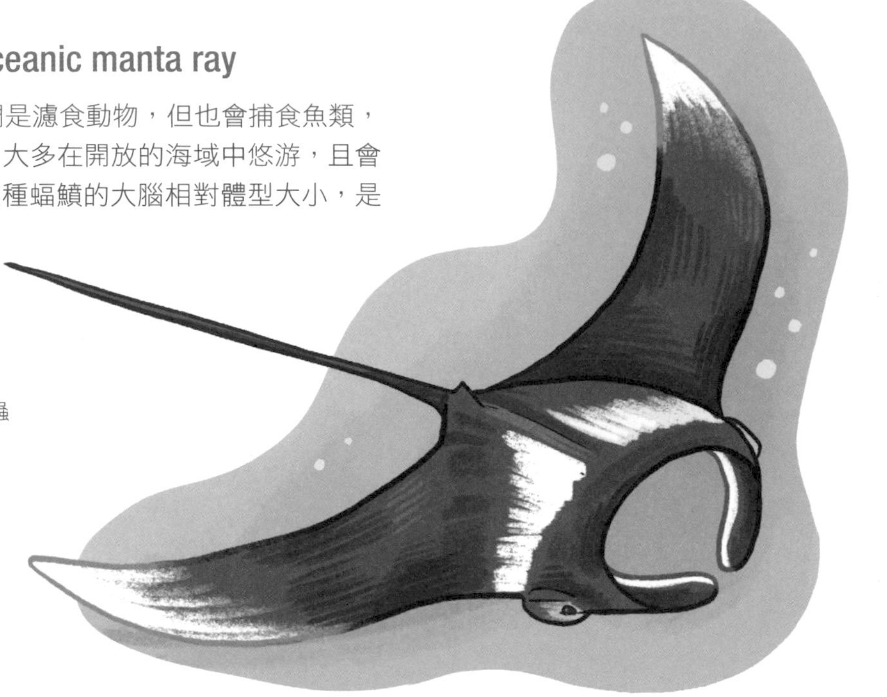

10/17
伊犁鼠兔 Ili pika

中國西北部的天山山脈裡，住著這種屬於兔子和野兔的近親。牠們會在海拔2,900-4,000公尺高的岩石縫隙中築巢，從高山草甸收集乾草，儲存草堆以度過寒冷的冬天。伊犁鼠兔是厲害的攀爬動物，因為棲息在崎嶇傾斜的裸露岩石上，所以攀爬便是必備的生存技能。

學名	*Ochotona iliensis*
類群	哺乳類
體長／體重	可達20公分／240公克
食性	草食性：草、野花、雜草
分布	亞洲
受脅程度	瀕危物種

10/18
鯨頭鸛 Shoebill

如果想像一隻鳥的模樣，不太可能會長得像鯨頭鸛的外觀，因為這種鳥的頭相對於身體來說太大了，還有一個鞋形的喙和巨寬的翅膀。鯨頭鸛生活在非洲的沼澤或溼地，沒有蹼掌，且不經常飛行，也飛不遠。為了保持涼爽，會張開嘴並顫動頸部肌肉以散熱降溫。

學名	*Balaeniceps rex*
類群	鳥類
展翅寬度／體重	可達2.6公尺／7公斤
食性	肉食性：魚、水蛇、青蛙、小鱷魚
分布	中非
受脅程度	易危物種

10/19
鑽紋龜 Diamondback terrapin

鑽紋龜是半水生龜，生活在淡水或半鹹水中，因殼上的菱形圖案而得名。經常在水裡游動，但也會在陸地上曬太陽和在泥裡挖洞。牠們生活在海岸附近的潮汐沼澤水域，用強壯有力的蹼足游泳，而且眼睛附近有腺體，可以排出體內多餘的鹽分。

學名	*Malaclemys terrapin*
類群	爬蟲類
體長／體重	可達28公分／700公克
食性	肉食性：螺、甲殼類、魚、昆蟲
分布	北美洲東部
受脅程度	易危物種

10/20
金斑虎甲蟲 Golden-spotted tiger beetle

又稱為八星虎甲蟲，這種色彩繽紛的小甲蟲生活在沙質地、河流附近、森林小徑或紅樹林沼澤附近的沙丘。牠們是精準的掠食者，由於視力敏銳，可以快速追捕獵物，甚至是2倍大的獵物也是囊中物。其幼蟲屬於伏擊掠食者，會埋伏在垂直洞穴裡伺機行動。

學名	*Cicindela aurulenta*
類群	無脊椎動物
體長	可達1.8公分
食性	肉食性：蒼蠅、甲蟲、毛毛蟲、蜘蛛
分布	亞洲
受脅程度	未評估物種

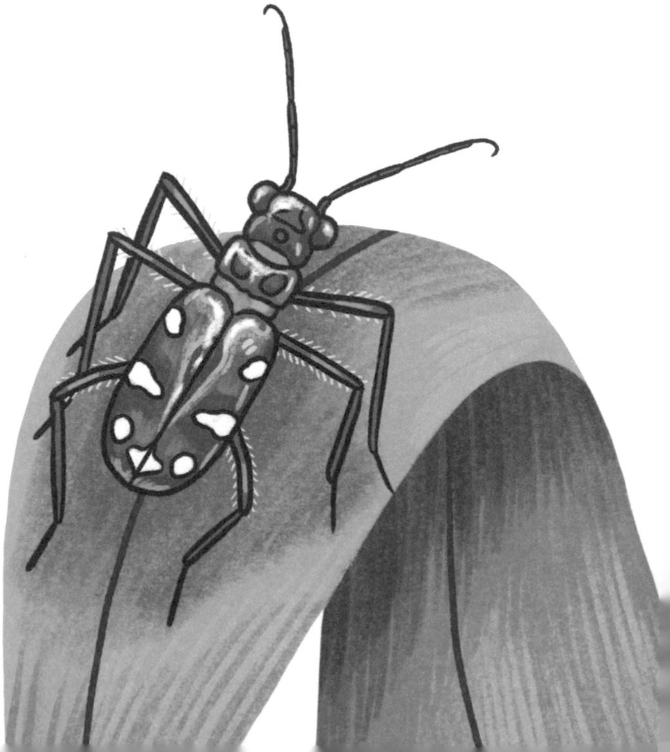

10/21

馬來鼯猴 Sunda colugo

雖然又被稱為飛狐猴，但這種動物既不是狐猴也不會飛，但當牠們穿梭於熱帶雨林的樹冠高處時，可以滑翔的距離達100公尺遠，而滑降高度僅10公尺。能夠做到這樣的滑翔，是因為有著「皮膜」，皮膜是從頸部延伸至尾巴、手指和腳尖的毛皮，母鼯猴也會將幼猴包裹在皮膜裡，給予保護和溫暖。

學名	*Galeopterus variegatus*
類群	哺乳類
體長／體重	含尾部可達70公分／2公斤
食性	雜食性：樹葉、水果、嫩芽、昆蟲
分布	東南亞
受脅程度	無危物種

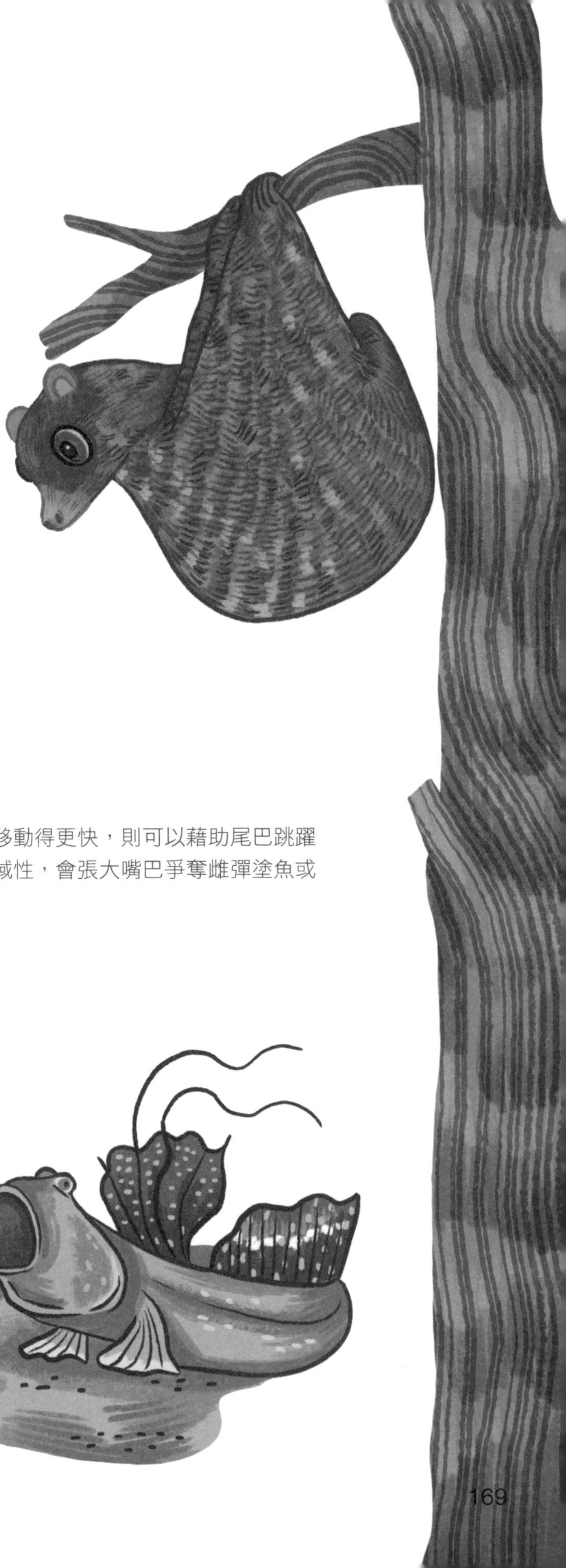

10/22

大彈塗魚 Great blue-spotted mudskipper

當退潮時，這種能呼吸空氣的魚會用鰭在泥灘上拖行，如果想移動得更快，則可以藉助尾巴跳躍移動。當漲潮時，會躲在挖掘的泥巴洞穴裡。雄彈塗魚具有領域性，會張大嘴巴爭奪雌彈塗魚或領地。

學名	*Boleophthalmus pectinirostris*
類群	魚類
體長／體重	可達22公分／91公克
食性	草食性：藻類
分布	亞洲
受脅程度	未評估物種

10/23

灰ㄏㄨㄟ 狼ㄌㄤˊ Grey wolf

灰狼會透過嚎叫來集結狼群、獵食或建立領域範圍。狼群的數量從6-30匹不等，並由一對具領導地位、負責生育的公狼和母狼領導。從苔原到茂密的森林，牠們易於適應不同的棲息地，並能以每小時高達60公里的爆發速度，長距離追捕大型獵物。

學名	*Canis lupus*
類群	哺乳類
體長／體重	含尾部可達2.1公尺／70公斤
食性	肉食性：麋鹿、鹿、野豬
分布	北美洲、歐洲、亞洲
受脅程度	無危物種

10/24
黑寡婦蜘蛛 Black widow spider

這是一種獨來獨往的夜行性狩獵者，會向落網掙扎的昆蟲投擲蜘蛛絲，將其纏繞再拉到網的一側，注射毒液後儲存起來留著之後享用。身體腹部的紅色沙漏狀圖紋是對掠食者的警示，如果受到驚擾，會從蜘蛛網垂墜下來，並裝死以保護自己。

學名	*Latrodectus mactans*
類群	無脊椎動物
展足寬度	可達5公分
食性	肉食性：昆蟲、其他蜘蛛網動物
分布	北美洲
受脅程度	未評估物種

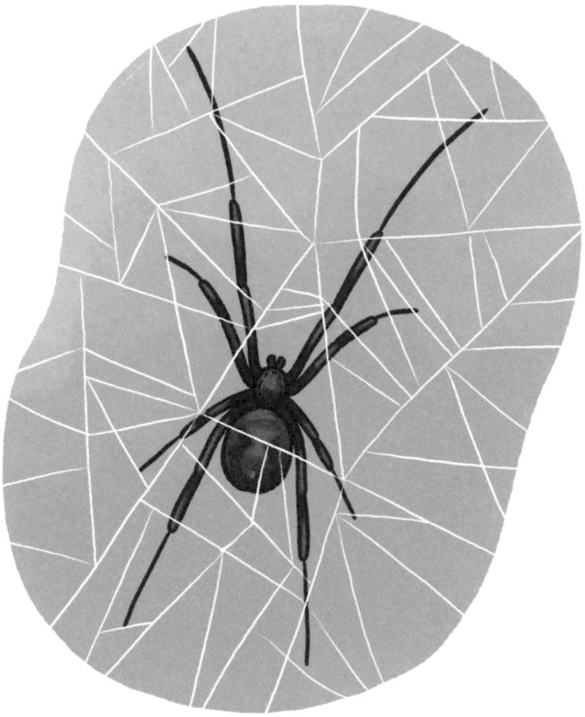

10/25
北島褐鷸鴕 North Island brown kiwi

又稱為奇異鳥，這種夜行性的無翼鳥種生活在紐西蘭北島，產下的蛋相對其體重來説非常巨大。在領域範圍內，會同時挖好幾個洞穴，地底的隧道長度可達2公尺，每個洞穴的盡頭都是一個穴室，而鷸鴕會在裡面一次孵化2顆蛋。當幼鳥孵化時，已經長滿羽毛，一週後就能離開巢穴自食其力。

學名	*Apteryx mantelli*
類群	鳥類
體長／體重	可達65公分／4公斤
食性	肉食性：蠕蟲、甲蟲、蝸牛、昆蟲、莓果
分布	紐西蘭
受脅程度	易危物種

會進入休眠狀態的動物

依身處的環境條件差異，許多動物需要放慢身體機能，以進入休眠或靜止狀態，這樣的改變可能會持續幾週、幾個月甚至幾年。有不同的休眠類型，包括冬眠和夏眠。

10/26
紅尾熊蜂 Red-tailed bumblebee

當老女王蜂交配後，會和蜂群裡的工蜂和雄蜂一起死亡，新任的年輕女王蜂則會於秋天進入冬眠，並在第2年春天甦醒建立屬於自己的蜂群。

學名	*Bombus lapidarius*
類群	無脊椎動物
體長	可達2.2公分
食性	草食性：花粉、花蜜
分布	歐洲
受脅程度	無危物種

10/27
儲水蛙 Eastern water-holding frog

當天氣變得太熱和乾燥時，儲水蛙會進入夏眠狀態。於旱季會在地下挖洞，用黏液將自己變成一個儲存水的繭，也許幾年後再次下雨時，便會破土而出。

學名	*Cyclorana platycephala*
類群	兩棲類
體長	可達7.2公分
食性	肉食性：昆蟲、小魚
分布	澳洲東部
受脅程度	無危物種

10/28
卡羅萊納箱龜
Eastern box turtle

在寒冷的冬天，這種烏龜會於落葉下的林地土壤中挖一個淺洞，使外殼與土壤表面齊平的深度進行冬眠，通常持續6個月左右。

學名	*Terrapene carolina*
類群	爬蟲類
體長／體重	可達15公分／90公克
食性	雜食性：真菌類、莓果、蠕蟲、蛞蝓、昆蟲
分布	北美洲東部
受脅程度	易危物種

10/29
紅邊襪帶蛇 Red-sided garter snake

又稱為紅邊束帶蛇，當加拿大氣溫低至零下40℃時，會進入休眠狀態，且持續約6個月左右。牠們會在天然洞穴或岩石下，以龐大數量成群地休眠。

學名	*Thamnophis sirtalis*
類群	爬蟲類
體長／體重	可達125公分／75公克
食性	肉食性：兩棲類、蠕蟲、魚、小型鳥類
分布	北美洲
受脅程度	無危物種

10/30
粗尾鼠狐猴
Fat-tailed dwarf lemur

生活於馬達加斯加島，是世界上唯一冬眠的靈長類動物，由於當地非低溫氣候，所以牠們並不是因為氣候而冬眠。10月至2月之間，除了天氣較冷之外，周圍的食物也較少，因此牠們會在尾巴儲存脂肪，並於夏季增加高達40%的體重。

學名	*Cheirogaleus medius*
類群	哺乳類
體長／體重	含尾部可達50公分／270公克
食性	雜食性：水果、花蜜、花、種子、昆蟲
分布	非洲
受脅程度	易危物種

10/31
亞洲黑熊 Asiatic black bear

當冬眠時，亞洲黑熊的心跳會降至每分鐘12次左右（原是40-70次），以保存熱量。牠們很容易於冬眠期間醒來，和其他熊一樣，母熊會在這段時間生下幼熊。

學名	*Ursus thibetanus*
類群	哺乳類
體長／體重	可達2公尺／200公斤
食性	雜食性：蜂蜜、水果、昆蟲、小型哺乳類
分布	亞洲
受脅程度	易危物種

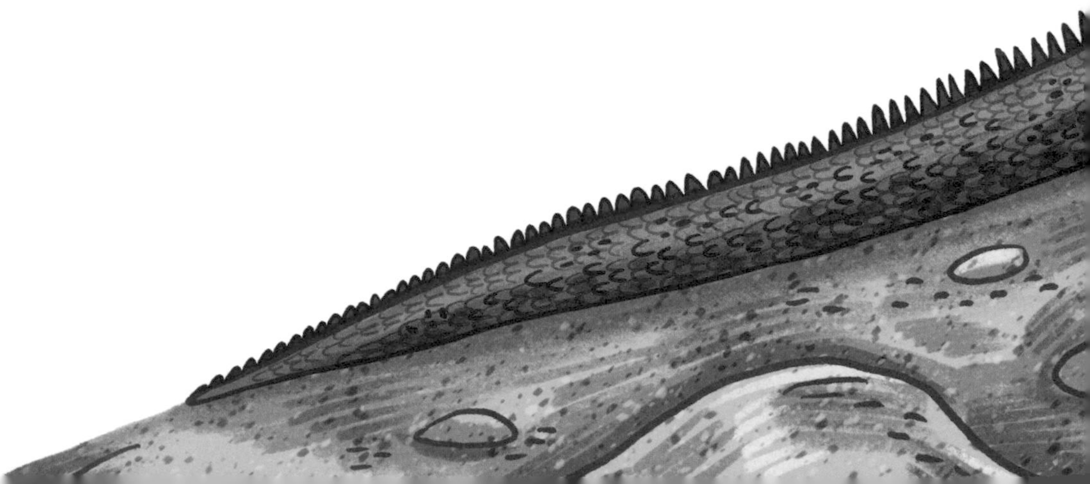

11月（ November ）

11/01

海鬣蜥 Marine iguana

模樣看似可追溯至恐龍時代，這種奇異的蜥蜴僅原生於厄瓜多爾海岸附近的加拉巴哥群島及其周圍海域。令人意外的是，看起來如此兇猛的海鬣蜥，其實是草食動物，在扁平尾巴的推動之下，遊走於海洋和陸地上尋找植物來吃。

學名	*Amblyrhynchus cristatus*
類群	爬蟲類
體長／體重	含尾部可達1.5公尺／1.5公斤
食性	草食性：藻類、海草、海濱植物
分布	南美洲
受脅程度	易危物種

11/02

野豬 Wild boar

野豬擁有巨大的頭部，佔身長的三分之一，會用長鼻子在地裡尋找蠕蟲和蟲子來吃。公豬和母豬皆有用於防禦的獠牙，小豬看起來則與父母非常不同，因為呈黃棕色且有條紋皮毛，有助於在森林偽裝自己。

學名	*Sus scrofa*
類群	哺乳類
體長／體重	含尾部可達2.4公尺／300公斤
食性	雜食性：水果、根、樹葉、昆蟲、鳥、小型哺乳類
分布	歐洲、亞洲、非洲西北部
受脅程度	無危物種

11/03

印度大犀鳥 Great hornbill

又稱為雙角犀鳥，這種吵鬧的鳥有一個超級大的喙，頭頂上則有角狀的生長物，稱為「盔突」。白天會沿著雨林的樹枝跳躍，尋找水果和昆蟲，當找到食物時，會拋向空中再整個吞下；夜晚則會齊聚一起在最高的樹上棲息。

學名	*Buceros bicornis*
類群	鳥類
展翅寬度／體重	可達1.8公尺／4公斤
食性	雜食性：主食為水果，也吃小型動物、昆蟲
分布	南亞、東南亞
受脅程度	易危物種

11/04
六斑二齒魨 Longspine porcupine fish

生活在淺礁和海底附近的海草床，鋒利的嘴能壓碎於夜間捕食的甲殼類動物的殼。如果受到威脅，就會吸入水，將自己膨脹到2-3倍大，並朝外豎起身上的尖刺。

學名	*Diodon holocanthus*
類群	魚類
體長	可達60公分
食性	肉食性：寄居蟹、帽貝、海螺
分布	全球熱帶海域
受脅程度	無危物種

11/05
森蚺 Green anaconda

又稱為南美蟒蛇，作為伏擊掠食者，最喜歡捕食在傍晚時分到水邊喝水的水豚（參閱p.95）。眼睛位於頭頂，以隨時保持警戒，而身體其餘部分則隱藏在水中。森蚺會先用嘴咬住獵物，再進行纏繞，然後緊縮肌肉讓獵物窒息而死。

學名	*Eunectes murinus*
類群	爬蟲類
體長／體重	可達9公尺／250公斤
食性	肉食性：魚、爬蟲類、鳥、水豚
分布	南美洲
受脅程度	無危物種

住在城市裡的動物

隨著棲息地被佔領或破壞，越來越多的野生動物正搬進世界各地的城鎮裡居住，牠們已經學會並適應了如何與人類、交通運輸工具和建築物一起的生活。

11/06
鴛鴦 Mandarin duck

如今，在世界各地的公園和綠色城市地區，這種色彩繽紛的候鳥都很常見。牠們在野外的自然棲息地是擁有湍急岩石溪流的森林。

學名	*Aix galericulata*
類群	鳥類
展翅寬度／體重	可達75公分／690公克
食性	雜食性：植物、種子、昆蟲
分布	東亞
受脅程度	無危物種

11/07
纓冠灰葉猴 Tufted grey langur

這種猴子已遷徙進印度和斯里蘭卡的已開發城鎮區，對於習慣生活在熱帶雨林高聳樹中的靈長類動物來說，高樓建築可說是駕輕就熟。

學名	*Semnopithecus priam*
類群	哺乳類
體長／體重	含尾部可達1.8公尺／18公斤
食性	草食性：樹葉、嫩芽、草、竹子
分布	亞洲
受脅程度	近危物種

11/08
梅花鹿 Sika deer

在日本奈良市有1,200多隻的野生梅花鹿，從黃昏到黎明都在街上自由漫步。牠們住在公園裡，但能隨心所欲地穿過寺廟、商店和地鐵站，漫步於城市之中。

學名	*Cervus nippon*
類群	哺乳類
體長／體重	含尾部可達2公尺／70公斤
食性	草食性：草、石楠、真菌類
分布	東亞
受脅程度	無危物種

11/09
遊隼 Peregrine falcon

可以在世界各地城市的高層建築頂樓找到牠們。遊隼的天然巢穴雖然是懸崖岩壁，但摩天大樓也提供了同等的隱私和接近主要獵物鴿子的機會。

學名	*Falco peregrinus*
類群	鳥類
展翅寬度／體重	可達1.2公尺／1.5公斤
食性	肉食性：鳥、兔子、蝙蝠
分布	全球（除了南極洲）
受脅程度	無危物種

11/10
原鴿 Rock dove

這種鳥在城市環境中也被稱為野鴿，生活於世界各地的城鎮裡。牠們會以數百隻的鳥群群聚活動，並經常在屋頂壁架上或房屋的閣樓裡築巢。

學名	*Columba livia*
類群	鳥類
展翅寬度／體重	可達70公分／370公克
食性	雜食性：穀類、樹葉、昆蟲
分布	歐洲、北非、西南亞
受脅程度	無危物種

11/11
赤狐 Red fox

赤狐被認為是第一種進入城市，也是最常見的非家畜肉食性動物。沒有其他動物比赤狐更成功地適應了郊區的生活方式，牠們在城市裡能輕易覓食，並會在花園的工具棚屋下挖洞。

學名	*Vulpes vulpes*
類群	哺乳類
體長／體重	含尾部可達1.4公尺／16公斤
食性	雜食性：小型哺乳類、昆蟲、蠕蟲、水果
分布	北美洲、歐洲、亞洲、北非、澳洲
受脅程度	無危物種

11/12
條紋臭鼬 Striped skunk

當臭鼬抬起尾巴時，請小心注意！因為當牠們無法逃離危險，且踩踏地面作為警告也起不了作用時，最後的防禦武器就是從後端的臭腺噴出氣味濃烈的黃色液體。這個噴液最遠可傳至6公尺遠，且臭味即使在1公里外都能聞到，噴出的液體會灼傷眼睛，讓臭鼬有時間逃跑。這種獨來獨往的夜行性動物對蛇毒免疫。

學名	*Mephitis mephitis*
類群	哺乳類
體長／體重	含尾部可達93公分／6.3公斤
食性	雜食性：蚱蜢、甲蟲、鳥類、蛇、植物
分布	北美洲
受脅程度	無危物種

11/13
北極海鸚 Atlantic puffin

這種海鸚能潛入40公尺深的海裡，一次捕獲多條小魚。其鋸齒狀的喙可以將沙鰻或鯡魚固定住，使之潛水能一次咬住更多魚，之後會把魚隻帶回岸邊吃掉或是餵給海鸚寶寶。一年只和同一隻海鸚生下一隻幼鳥。

學名	*Fratercula arctica*
類群	鳥類
展翅寬度／體重	可達63公分／480公克
食性	肉食性：魚、甲殼類、軟體動物
分布	北美洲東北部、歐洲北部及西部
受脅程度	易危物種

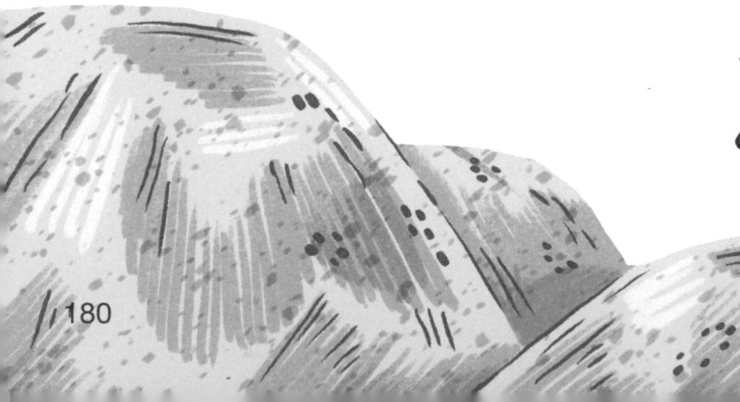

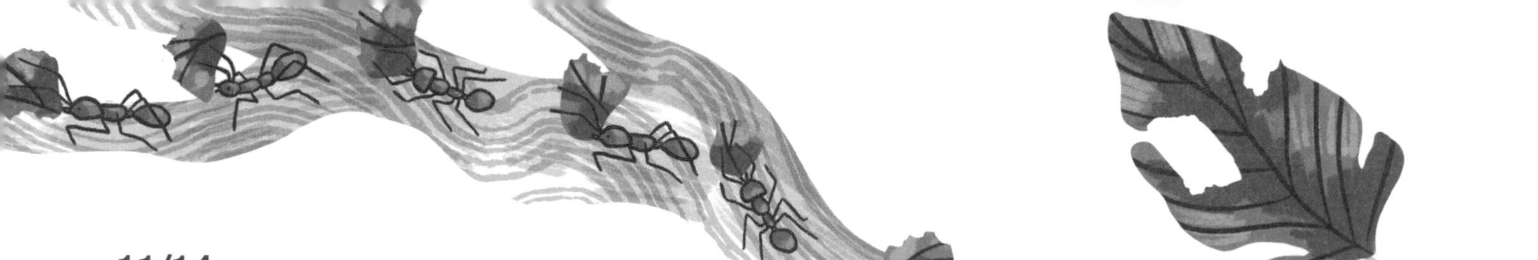

11/14
巨首芭切葉蟻 Leaf-cutter ant

生活在雨林的地面，會爬進樹冠利用鋒利下顎切下樹葉。牠們會依序排隊將比自身重量高50倍的樹葉碎片運回地下巢穴，並在那裡用腐爛葉子種植真菌來食用。每個蟻巢可容納數百萬隻螞蟻，且占地面積超過10平方公尺。

學名	*Atta cephalotes*
類群	無脊椎動物
體長／體重	可達2.5公分
食性	草食性：真菌類
分布	中南美洲
受脅程度	未評估物種

11/15
虎紋蛙 Indian bullfrog

又稱為金蛙，當繁殖季節來臨時，雄蛙會變成黃色，聲囊則呈現亮藍色，其餘季節會是橄欖綠色或棕色，脊椎上有黃色條紋。當雄蛙變色做好交配準備後，便會大聲鳴叫以吸引雌蛙。牠們主要生活在濕地，當南亞季風雨季到來時，就會從隱藏的洞裡冒出。

學名	*Hoplobatrachus tigerinus*
類群	兩棲類
體長／體重	可達17公分／600公克
食性	肉食性：老鼠、昆蟲、蠕蟲、蛇、鳥
分布	南亞
受脅程度	無危物種

11/16

歐洲馬鹿 Red deer

又稱為紅鹿，每年秋季發情期的2個月裡，公鹿會進行激烈的母鹿爭奪戰。公鹿發出求偶叫聲、標記自己的領地，並用巨大的鹿角與對手互相碰撞較勁。鹿群由母鹿及其幼鹿組成，公鹿通常獨自生活，但在發情期會聚集到母鹿身邊。

學名	*Cervus elaphus*
類群	哺乳類
體長／體重	含尾部可達2.6公尺／340公斤
食性	草食性：樹芽、草、水果、種子
分布	歐洲
受脅程度	無危物種

藏身於洞穴的動物

「挖洞」是許多動物擁有的特殊能力，牠們可能會在最堅硬的地面往下開挖隧道，為自己提供睡覺、儲存食物和築巢的巢穴，或保護自己躲避掠食者的攻擊，又或是為獵物設置陷阱。

11/17
袋熊 Common wombat

這種有袋動物很少見，因為每天會在洞穴裡睡覺長達16小時，並只在夜間天氣涼爽時才出來覓食。

學名	*Vombatus ursinus*
類群	哺乳類
體長／體重	可達1.2公尺／36公斤
食性	草食性：草、樹葉、苔蘚、根、塊莖、樹皮
分布	澳洲東南部
受脅程度	無危物種

11/18
穴鴞 Burrowing owl

這種穴居鳥是唯一會於日間活動的貓頭鷹，於黃昏時間即開始狩獵。除了會自行挖掘洞穴，也會搬進廢棄的巢穴中。

學名	*Athene cunicularia*
類群	鳥類
展翅寬度／體重	可達61公分／250公克
食性	肉食性：昆蟲、小型齧齒類動物、鳥、蜥蜴
分布	北美洲、南美洲
受脅程度	無危物種

11/19
梅氏長海膽 Sea urchin

又稱為穴居海膽，棲息於熱帶海洋珊瑚礁的海底。牠們會用口器和刺在堅硬的岩石和珊瑚間爬行，為自己提供安全的藏身之處。

學名	*Echinometra mathaei*
類群	無脊椎動物
體長	可達8公分
食性	雜食性：藻類、小型無脊椎動物
分布	印度洋、太平洋
受脅程度	未評估物種

11/20
雪梨漏斗網蜘蛛 Funnel-web spider

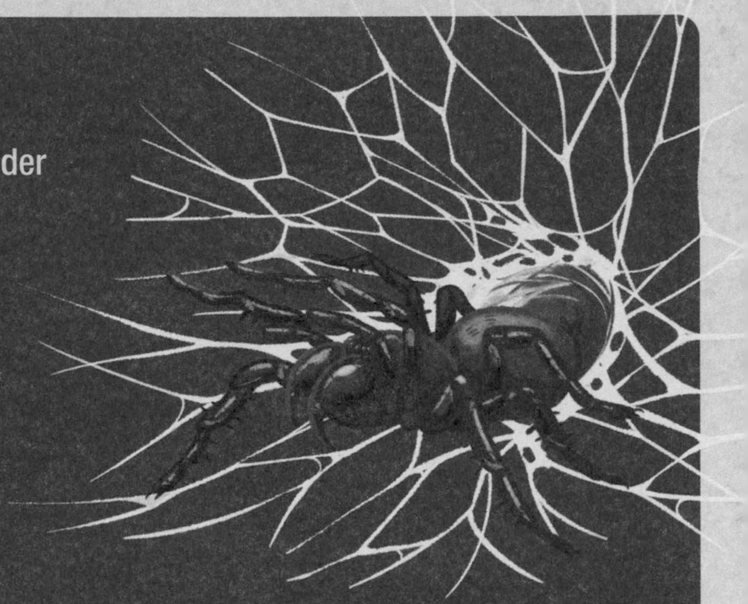

在潮濕的森林地區，這種蜘蛛會鑽入腐爛隱密的原木或岩石洞裡，從洞穴入口處向外編織呈輻射狀的蜘蛛網。牠們會把前步足放在絲線上，以探測是否有獵物上門，再用毒液制伏。

學名	*Atrax robustus*
類群	無脊椎動物
體長	可達3.5公分
食性	肉食性：甲蟲、蟑螂、石龍子蜥蜴、蝸牛
分布	澳洲東部
受脅程度	未評估物種

11/21
沙漠美東囊鼠 Desert pocket copher

這種嚙齒動物生活在有通道和穴室的洞穴裡，在挖掘時會像鼴鼠一樣在地面上留下沙丘。當覓食完畢返回巢穴時，會堵住洞穴開口，以控制內部溫度並防止掠食者入侵。

學名	*Geomys arenarius*
類群	哺乳類
體長／體重	可達30公分／250公克
食性	草食性：根、塊莖、種子、水果
分布	北美洲
受脅程度	近危物種

11/22
伶鼬 Least weasel

伶鼬其實不太擅長挖掘，因此會在其他動物（通常是其獵物）廢棄的洞穴中築巢。牠們會在巢穴附近挖一小塊區域來儲存吃剩的獵物，這樣當食物匱乏時，就能有足夠的存糧。

學名	*Mustela nivalis*
類群	哺乳類
體長／體重	含尾部可達35公分／200公克
食性	肉食性：老鼠、田鼠、幼兔、鳥、蛋
分布	北美洲、歐洲、亞洲
受脅程度	無危物種

11/23
大食蟻獸 Giant anteater

這種巨大哺乳動物也被稱為蟻熊。每天會登門造訪多達200個白蟻或螞蟻的巢穴，尋找每天需吃的3萬多隻螞蟻。牠們會用爪子挖開巢穴，將長長的鼻子伸入，用又長又黏的50公分舌頭吞食蟲子。

學名	*Myrmecophaga tridactyla*
類群	哺乳類
體長／體重	含尾部可達2.4公尺／55公斤
食性	肉食性：螞蟻、白蟻
分布	中南美洲
受脅程度	易危物種

11/24
巨人捕鳥蛛 Goliath tarantula

在熱帶雨林深處，被蜘蛛絲所覆蓋的洞穴中，或是在岩石、樹根下，生活著世界上最大且獨居的蜘蛛。牠們主要在夜間活動，體型如餐盤那麼大。當受到威脅時，會用後腿摩擦腹部，向掠食者發射剛毛來進行防禦，這些螫毛會嵌入並引起發癢和刺痛感，尤其是接觸到眼睛時。

學名	*Theraphosa blondi*
類群	無脊椎動物
足展寬度／體重	可達28公分／170公克
食性	肉食性：齧齒類動物、青蛙、蜥蜴、蛇
分布	南美洲北部
受脅程度	未評估物種

11/25
科摩多巨蜥 Komodo dragon

僅生活在印度尼西亞的巽他群島，經常成群結隊，也是島上食物鏈金字塔頂端的掠食者。科摩多巨蜥的毒素可以阻止獵物的血液凝固，甚至會吃掉同物種的小巨蜥，因此年幼的科摩多巨蜥多數時間都在樹上度過，才不會被成年的科摩多巨蜥捕食。

學名	*Varanus komodoensis*
類群	爬蟲類
體長／體重	含尾部可達3公尺／166公斤
食性	肉食性：豬、鹿、腐肉
分布	東南亞
受脅程度	瀕危物種

11/26
櫛ㄐㄧㄝˊ齒ㄔˇ鋸ㄐㄩˋ鰩ㄧㄠˊ Largetooth sawfish

生活在河口、海灣和海岸周圍的淺水地帶，鋸吻的兩側邊緣都有鋸齒，可用來翻動海底以尋找甲殼類動物，還可以把鋸吻當作擊暈小魚的武器。牠們經常躺在沙質海底，透過鰓孔（眼睛後方的大孔）將水吸入鰓來呼吸。

學名	*Pristis pristis*
類群	魚類
體長／體重	可達6.5公尺／600公斤
食性	肉食性：甲殼類、小魚、軟體動物
分布	全球溫暖海域
受脅程度	極危物種

11/27
走ㄗㄡˇ鵑ㄐㄩㄢ Greater roadrunner

在美國南方常見到這種鳥沿著路旁奔跑，屬於杜鵑鳥科家族的長腿成員。以兩個腳爪向前，兩個腳爪向後的姿態，奔跑速度每小時可達30公里，而且僅在受威脅時才會飛行，即便要飛，也需助跑才飛得起來。牠們在沙漠和草原上覓食，可以獵捕並吞下整條響尾蛇。

學名	*Geococcyx californianus*
類群	鳥類
展翅寬度／體重	可達61公分／540公克
食性	雜食性：蜥蜴、蜂鳥、昆蟲、蝎子、蜘蛛、蛇、仙人掌果、水果
分布	北美州南部
受脅程度	無危物種

11/28
西方蜜蜂 Western honeybee

是最常見的蜜蜂種類，拉丁文名稱為「mellifera」，意為「帶著蜜糖」，牠們是水果、花卉和蔬菜的重要授粉媒介。當工蜂從花朵中採集花蜜時，花粉粉塵會沾在身上，並被帶到下一朵花上為其授粉。

學名	*Apis mellifera*
類群	無脊椎動物
體長	可達2公分
食性	草食性：花粉、花蜜、蜂蜜
分布	歐洲、非洲、西亞
受脅程度	數據缺乏

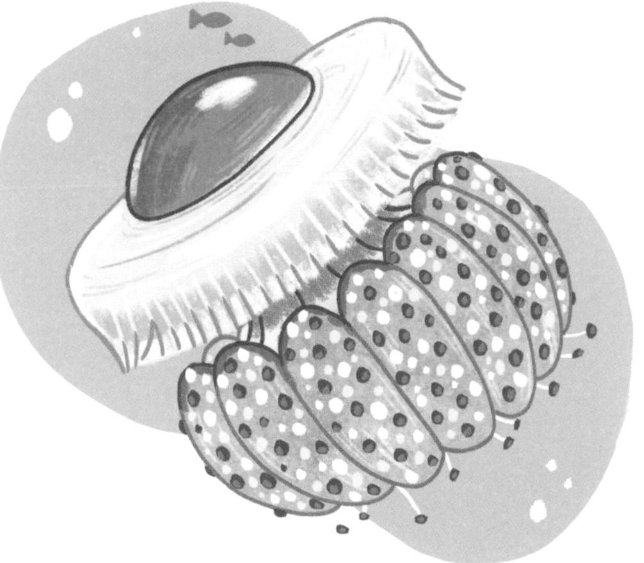

11/29
蛋黃水母 Fried egg jellyfish

外貌奇特如其名的蛋黃水母出現在夏季，而且生活在海域最溫暖的地方。此時，數以千計的水母會像是巨大「水母花叢」般綻開在海面上。

學名	*Cotylorhiza tuberculata*
類群	無脊椎動物
寬度	可達40公分
食性	雜食性：浮游動物、浮游植物
分布	大西洋西部、地中海
受脅程度	未評估物種

11/30
幽靈竹節蟲 Macleay's spectre

這種巨型竹節蟲又被稱為澳洲手杖，具有厲害的偽裝能力，看起來就像乾枯樹葉。若受到威脅，會抬起前肢並捲起腹部，擺出如同「蠍子」的姿勢來嚇唬敵人。

學名	*Extatosoma tiaratum*
類群	無脊椎動物
體長／體重	可達15公分／25公克
食性	草食性：玫瑰葉、尤加利、橡樹、覆盆子、黑莓、榛樹
分布	澳洲東部
受脅程度	無危物種

12月ㄩㄝˋ（December）

12/01

胡ㄏㄨˊ兀ㄨˋ鷲ㄐㄧㄡˋ Bearded vulture

又稱為髭兀鷲，是世界上體型第二大的禿鷲，具有巨大的翼展寬度。這種食腐動物會吃骨頭，且幾乎完全以腐肉為食，也是唯一能消化骨頭的鳥類。牠們會將較小的骨頭整個吞下，較大的骨頭則會從高處扔至岩石上摔碎。當捕獲活體獵物時，也會使用相同方法殺死獵物，例如烏龜和羔羊。

學名	*Gypaetus barbatus*
類群	鳥類
展翅寬度／體重	可達2.8公尺／7公斤
食性	肉食性：骨頭、腐肉、鳥、哺乳類、烏龜、爬蟲類
分布	歐洲、亞洲、東非
受脅程度	近危物種

12/02
多尾鳳蝶 Bhutan glory

屬鳳蝶科（燕尾蝶）的一種，生活在不丹和亞洲其他地區的森林丘陵和山區。毛毛蟲在生長過程中會吃樹葉，而羽化後的壽命約為180天，對於蝴蝶來說，算是非常長的時間。牠們會於盛開的花朵間飛行，並以花蜜為食。

學名	*Bhutanitis lidderdalii*
類群	無脊椎動物
展翅寬度	可達11公分
食性	草食性：樹葉、莖、花蜜
分布	東南亞
受脅程度	無危物種

12/03
橙嘴巨嘴鳥 Toco toucan

是所有巨嘴鳥中最大的種類，其喙佔全身長度的三分之一。喙由角蛋白形成，因為是中空的，所以看起來巨大卻很輕。牠們主要以無花果、柳橙和番石榴等水果為食，會用喙剝皮，再往後仰頭吞下水果。

學名	*Ramphastos toco*
類群	鳥類
展翅寬度／體重	可達1.5公尺／860公克
食性	雜食性：主食為水果，也吃昆蟲、蛋
分布	南美洲
受脅程度	無危物種

12/04
平ㄆㄧㄥˊ原ㄩㄢˊ斑ㄅㄢ馬ㄇㄚˇ Plains Zebra

每隻斑馬都有獨特的條紋，因此很容易辨別。牠們以小家庭的形式，生活在草原和稀樹草原上，包括一匹公斑馬、幾匹母斑馬和牠們生下的小斑馬。成群的斑馬會互相梳理毛髮、玩耍，並透過叫聲和臉部表情進行溝通。

學名	*Equus quagga*
類群	哺乳類
體長／體重	含尾部可達3.2公尺／385公斤
食性	草食性：主食為草，也吃樹葉、樹皮、根部
分布	非洲南部和東部
受脅程度	近危物種

12/05
喜ㄒㄧˇ馬ㄇㄚˇ拉ㄌㄚ雅ㄧㄚˇ小ㄒㄧㄠˇ貓ㄇㄠ熊ㄒㄩㄥˊ Red panda

和大貓熊一樣（參閱p.93），以竹子為食，但卻生活在喜馬拉雅山脈東部的高海拔森林。不過，小貓熊既不是熊，也與貓熊無關，是小貓熊屬中唯一的成員。除了交配季節之外，通常獨自行動，其又長又濃密的尾巴有助於在樹上保持平衡，還能纏繞身體保暖。在非常寒冷的氣候下，會進入休眠狀態（參閱p.172-173）。

學名	*Ailurus fulgens*
類群	哺乳類
體長／體重	含尾部可達1.1公尺／7.7公斤
食性	雜食性：竹子、草、水果、幼蟲、鳥、小型哺乳動物
分布	亞洲
受脅程度	瀕危物種

你所不知道的動物超能力

無論是比大多數動物跑得更快、不受限於地心引力，甚至具有長生不老的能力，有些動物的超能力一定會讓你嘖嘖稱奇！接下來介紹一些有著令人大開眼界、擁有非凡絕技的動物們。

12/06
蘭道氏槍蝦 Pistol shrimp

這種小蝦會快速合上兩隻螯中較大的那隻，以此發射出幾乎與太陽表面一樣熱的氣泡，伴隨的聲音比槍聲還大，可以擊暈獵物和掠食者。

學名	*Alpheus randalli*
類群	無脊椎動物
體長	可達5公分
食性	肉食性：魚、小型無脊椎動物
分布	印度洋、太平洋
受脅程度	未評估物種

12/07
尖吻鯖鯊 Shortfin mako

是世界上速度最快的鯊魚，時速可達60公里。在開闊的海洋中，以瞬息萬變的速度不停地移動著。

學名	*Isurus oxyrinchus*
類群	魚類
體長／體重	可達4公尺／500公斤
食性	肉食性：鮪魚、魷魚、旗魚、小鯊魚
分布	全球溫暖海域
受脅程度	瀕危物種

12/08
北美負鼠 Common opossum

北美負鼠其實跑得不是很快，也沒有真正的防禦能力，但因為對蛇毒有免疫力，而可以吃下某些蛇種。目前得知負鼠的血液可以中和某些蛇的毒液，例如西部菱背響尾蛇。

學名	*Didelphis virginiana*
類群	哺乳類
體長／體重	含尾部可達1.1公尺／6.3公斤
食性	雜食性：水果、昆蟲、青蛙、小型哺乳動物
分布	北美洲、中美洲
受脅程度	無危物種

12/09
虎鯨 Orca

虎鯨會成群結隊地追趕魚群，並用尾巴拍擊水面以擊暈獵物，甚至還會撞擊浮冰，讓海豹失去平衡而掉進水中，再進行獵捕。

學名	*Orcinus orca*
類群	哺乳類
體長／體重	可達10公尺／10公噸
食性	肉食性：海生哺乳類動物、魚、海鳥、海龜
分布	全球海域
受脅程度	數據缺乏

12/10
羱羊 Alpine ibex

為了能走到岩石表面，舔食生長所需的鹽分和礦物質，這種野山羊彷彿不受地心引力影響，能攀爬最陡峭的岩石地表。小羱羊也是天生的攀岩高手，僅一天大的時候，牠們就跟著羊媽媽一起爬上陡峭的岩石。

學名	*Capra ibex*
類群	哺乳類
體長／體重	含尾部可達1.7公尺／120公斤
食性	草食性：草、花、樹枝、樹葉
分布	歐洲
受脅程度	無危物種

12/11
燈塔水母 Immortal jellyfish

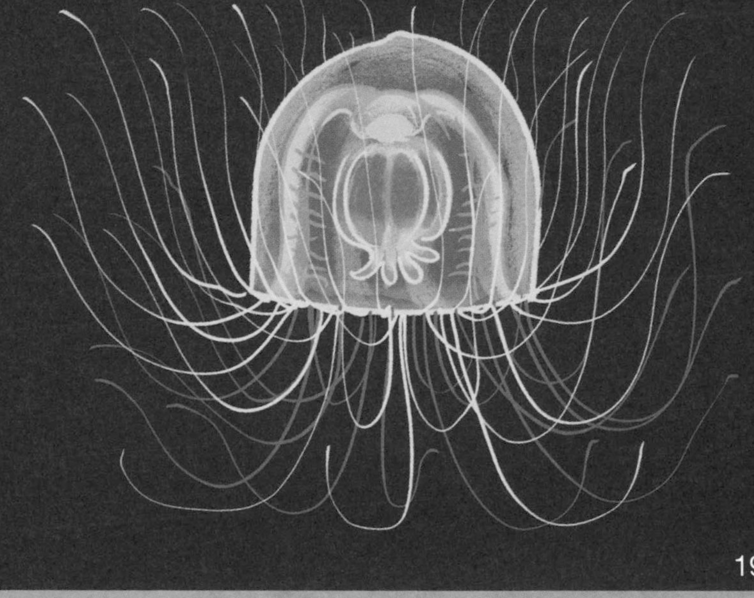

當受傷或受到壓力時，會沉入海底並變回嬰兒期（水螅型）。2個月後，就會長成一隻新水母，可以周而復始的重複生命週期。

學名	*Turritopsis dohrnii*
類群	無脊椎動物
體長	可達4.5公分
食性	肉食性：浮游動物、魚卵、小型軟體動物
分布	全球溫暖海域
受脅程度	未評估物種

12/12
普通狨 Common marmoset

這種小型靈長類動物又被稱為白耳狨猴，尾巴比身體還長，棲息於巴西熱帶雨林邊緣和人工種植園的樹林裡。以小家庭群體生活，其中包括一對主要繁殖後代的狨猴。隨著幼猴成長，會與群體中的其他絨猴共同分擔照顧的責任。

學名	*Callithrix jacchus*
類群	哺乳類
體長／體重	含尾部可達50公分／255公克
食性	雜食性：樹液、昆蟲、水果、花蜜、蜥蜴、青蛙
分布	南美洲東北部
受脅程度	無危物種

12/13
歐洲烏賊 Common cuttlefish

透過波動身體和快速閃爍多種顏色，以分散其他魚類的注意力，會伸出2條進食觸手捕捉獵物，再用8隻觸手上的吸盤抓住獵物，並引導至嘴中。牠們會噴出墨水使水變得渾濁，還可以利用噴射推進原理快速移動。跟魷魚和章魚一樣，歐洲烏賊有3顆心臟。

學名	*Sepia officinalis*
類群	無脊椎動物
體長／體重	可達45公分／4公斤
食性	肉食性：魚、軟體動物、螃蟹、蝦
分布	大西洋東北海域、歐洲海域
受脅程度	無危物種

12/14
美洲野牛 American bison

又稱為水牛，是北美最大且最重的動物。牠們的腳程驚人地快速，時速可達55公里。動作敏捷，能迅速轉身改變方向、跳過障礙物，且善於游泳。在史前時期，曾有數百萬隻的美洲野牛在草原上漫步，但如今卻只剩約31,000隻，主要分佈在國家公園內。

學名	*Bison bison*
類群	哺乳類
體長／體重	含尾部可達3.8公尺／1公噸
食性	草食性：草、地衣、開花植物、葉子
分布	北美洲
受脅程度	近危物種

12/15
港灣鼠海豚 Harbour porpoise

生活在沿海地區或河口附近，是體型最小的鯨豚之一，經常沿著河流逆流而上，有時甚至在距離海洋數百公里遠處發現牠們的蹤跡。通常單獨行動或以小團體形式移動，最多會有50隻鼠海豚聚集一起獵食或遷徙（參閱p.82-83）。當牠們浮出水面呼氣時，能聽到如打噴嚏般的聲音。

學名	*Phocoena phocoena*
類群	哺乳類
體長／體重	含尾部可達2公尺／76公斤
食性	肉食性：魚、玉筋魚、魷魚、章魚
分布	北太平洋、大西洋、歐洲和亞洲內海
受脅程度	無危物種

12/16

西部低地大猩猩 Western lowland gorilla

多達10隻的生活群體，是由一隻大型雄性銀背大猩猩、幾隻成年雌猩猩和牠們的年幼猩猩所組成。白天覓食，並在每晚建築新巢睡覺。大猩猩能表現出類似人類的許多情緒，小猩猩會向成年猩猩學習，但也一起玩耍，通常是摔跤和互咬的遊戲。儘管大猩猩會爬樹，但多數時間會待在地面，當在低地森林、沼澤等居住處移動時，會利用前臂的指關節行走，並用捲握的雙手支撐體重。

學名	*Gorilla gorilla*
類群	哺乳類
體長／體重	含尾部可達1.8公尺／227公斤
食性	雜食性：葉子、莖、藤蔓、水果、螞蟻、白蟻
分布	西非
受脅程度	極危物種

12/17
縞獴 Banded mongoose

又稱為非洲獴，與多數獨行的獴種不同，會生活在多達40隻成員所組成的大家族中。由於需要巢穴作為庇護場所，牠們會在白蟻丘、灌木叢或稀樹草原中，打造具有多個入口的隧道系統。縞獴於巢穴中過夜，經常更換巢穴地點，並標記氣味建立領地。雖然會各自尋找食物，但若遇到毒蛇，則會互相合作進行獵捕。

學名	*Mungos mungo*
類群	哺乳類
體長／體重	含尾部可達75公分／2.5公斤
食性	肉食性：甲蟲、馬陸、其他昆蟲、青蛙、蛇、蛋
分布	非洲中部及南部
受脅程度	無危物種

12/18
豹斑海豹 Leopard seal

是南極洲沿岸兇猛的伏擊獵捕高手，屬於食物鏈頂端的掠食者，只有虎鯨（參閱p.195）能捕食牠們。牠們的下顎能張開160度，並以巨大的力量將彎曲的犬齒緊咬進巴布亞企鵝身上，後齒則用於過濾水中的磷蝦。豹斑海豹透過視覺和嗅覺尋找獵物，並能以每小時達40公里的高速暴衝移動。

學名	*Hydrurga leptonyx*
類群	哺乳類
體長／體重	可達3.5公尺／500公斤
食性	肉食性：企鵝、磷蝦、魚、鳥、幼年海豹
分布	南冰洋
受脅程度	無危物種

12/19
南方鶴鴕 Southern cassowary

又稱為食火雞。雖然不會飛行，卻擁有12公分長的利爪和致命的踢力。若受到威脅，能以時速高達50公里的速度衝刺，攻擊時也能在空中跳躍1.5公尺高。頭上的骨盔由角蛋白形成，當穿過茂密的植被時，可發揮保護作用。幼鳥時期有著條紋花紋，約從6-9個月大時，脖子會開始變色。

學名	*Casuarius casuarius*
類群	鳥類
體長／體重	可達2公尺／76公斤
食性	雜食性：主食為水果，也吃小型囓齒類動物、蛇、昆蟲、蝸牛、魚
分布	東南亞
受脅程度	無危物種

12/12
南美海獅 Southern sea lion

這些帶著鬃毛的海獅，生活在海岸線和海灘沿岸，大型公海獅會在領地巡邏，通常一個地盤約有18隻母海獅。牠們不分晝夜地休息，無論是在水中或海灘上都可以睡得很香。

學名	*Otaria flavescens*
類群	哺乳類
體長／體重	可達3公尺／350公斤
食性	肉食性：魚、魷魚、甲殼類動物、企鵝
分布	靠近南美洲南部的大西洋及太平洋
受脅程度	無危物種

12/21
黃唇青斑海蛇 Banded sea krait

這種半水生的海蛇含有劇毒，扁平的尾巴可提供保護作用，因為掠食者會以為那是海蛇的頭部，怕被咬傷而刻意避開。成年海蛇會在岩石岬角和海灘上休息和築巢。

學名	*Laticauda colubrina*
類群	爬蟲類
體長／體重	含尾部可達1.5公尺／1.8公斤
食性	肉食性：鰻魚、小魚
分布	印度洋、太平洋
受脅程度	無危物種

12/22
鬚擬啄木 Bearded barbet

英文名因黑色羽毛長得像「鬍鬚」而得名。喙上有鋸齒狀的邊緣，有助於切開堅硬水果。牠們有如近親啄木鳥的習性，會在樹幹上挖洞築巢。

學名	*Pogonornis dubius*
類群	鳥類
體長／體重	可達25公分／105公克
食性	雜食性：水果、昆蟲
分布	西非
受脅程度	無危物種

12/23

獰貓 Caracal

生活在多樣的棲息地，但最喜歡以開闊的稀樹草原和樹木遮蔽的環境下為家。獰貓能一躍至3公尺高的空中，並用鉤爪捕捉飛行中的鳥類，且有著非常靈敏的聽覺來追蹤地面上的獵物。腳掌的肉墊有長毛覆蓋，行走時發出的聲響極小，因此獵物很難察覺到。如果有必要，獰貓能以時速8公里的速度追捕動物。

學名	*Caracal caracal*
類群	哺乳類
體長／體重	含尾部可達1.2公尺／18公斤
食性	肉食性：貓鼬、嚙齒動物、羚羊、猴子
分布	非洲、西南亞
受脅程度	無危物種

12/24

兔耳袋貍 Bilby

這種夜行性的穴居有袋動物，有著像兔子般的長耳朵，曾遍布於澳洲的70%地區，但如今只出沒在沙漠地區。體型大小與寵物貓差不多，可以挖掘大型地底隧道系統，以躲避高溫和掠食者的攻擊。

學名	*Macrotis lagotis*
類群	哺乳類
體長／體重	含尾部可達84公分／2.5公斤
食性	雜食性：球莖、塊莖、種子、昆蟲、真菌類
分布	澳洲
受脅程度	易危物種

12/25
真螈 Fire salamander

大部分都躲在縫隙或木塊下，以保持安全和濕潤。鮮豔的外表是為了警告捕食者，如果受到攻擊，可噴出達2公尺的防禦性化學物質。當氣候極度炎熱時，會變得不活躍，冬季時則會冬眠（參閱p.172-173）。真螈在傳統民間故事裡，被傳述是從火中誕生的。

學名	*Salamandra salamandra*
類群	爬蟲類
體長／體重	可達30公分／19公克
食性	肉食性：蠕蟲、蛞蝓、蜈蚣、蒼蠅、甲蟲
分布	歐洲中部及南部
受脅程度	無危物種

12/26
蜜獾 Honey badger

會用長爪子在地上挖洞作為休息場所，是鼬科家族的成員，因會襲擊蜂窩而得名，但也會捕食其他動物，包括年幼鱷魚。蜜獾習性兇猛，皮膚很厚且牙齒鋒利，能夠從比自己體型大的動物身上搶奪食物，包括黑背胡狼（下圖）和獅子，也喜歡吃毒蛇。

學名	*Mellivora capensis*
類群	哺乳類
體長／體重	含尾部可達1公尺／16公斤
食性	雜食性：蜂蜜、昆蟲、爬蟲類、小型哺乳類、鳥、植物、蛇
分布	非洲、南亞、西南亞
受脅程度	無危物種

12/27
一角鯨 Narwhal

是最能深潛的哺乳動物之一，冬季可潛入超過1,800公尺的海洋深處覓食，夏季則靠近海岸處捕魚。雄性有螺旋狀的長角，但那其實是一根直直生長的牙齒，可達3公尺，牠們會用這根長牙競爭交配。一角鯨因長牙而被歸類為齒鯨，但嘴裡卻沒有牙齒，進食時是把整條魚直接吞下。

學名	*Monodon monoceros*
類群	哺乳類
體長／體重	含長牙可達8.5公尺／1.6公噸
食性	肉食性：魚、蝦、魷魚
分布	北極海
受脅程度	無危物種

12/28
栗翅鷹 Harris hawk

當栗翅鷹找不到棲息處時，牠們會互相站立在對方身上！屬於群居鳥類，以群體活動狩獵並一起築巢，經常分工合作包圍或追逐獵物，同一群體也會分擔築巢的責任，當雌鷹孵蛋或照顧雛鳥時，其他的雌鷹會幫忙照顧和保衛巢穴的安全。

學名	*Parabuteo unicinctus*
類群	鳥類
展翅寬度／體重	可達1.2公尺／1公斤
食性	肉食性：野兔、兔子、鵪鶉、爬蟲類
分布	北美洲、中美洲、南美洲
受脅程度	無危物種

12/29
藍孔雀 Peacock

擁有最出眾的求偶方法，雌孔雀會選擇羽毛上眼點最多的雄孔雀，因此雄孔雀得花上3年的時間，才能長成絢麗的尾翼。雄孔雀會高舉並展開尾翼展示自己的羽毛，並以「搖翅」的動作，讓陽光從不同角度照射羽毛，讓羽翼的顏色閃閃發光。

學名	*Pavo cristatus*
類群	鳥類
體長╱體重	可達1.6公尺╱6公斤
食性	雜食性：昆蟲、蠕蟲、蜥蜴、白蟻、花、穀類、草、竹筍
分布	亞洲
受脅程度	無危物種

12/30
彩虹鬣蜥 Rainbow lizard

生活在乾燥的森林、草原和沙漠中，以伏擊捕獵方式維生，有著長而有力的後肢，可以快速跳躍或逃跑。巨大的前牙和強壯的下顎可用來攻擊較大型的動物，而具黏性的舌頭，則能將昆蟲一掃而空。當受到驚嚇時，顏色會變得更加鮮豔。

學名	*Agama agama*
類群	爬蟲類
體長╱體重	含尾部可達30公分╱1公斤
食性	雜食性：昆蟲、小型哺乳類、爬蟲類、水果、草、花
分布	東非
受脅程度	無危物種

12/31

亞ㄧㄚˋ洲ㄓㄡ象ㄒㄧㄤˋ Asian elephant

一群象通常由6-7隻成年象和牠們的幼象組成，會用人類幾乎聽不到的低音頻進行交流。成象成員是彼此有親屬關係的母象，並由最年長的母象領導，公象則通常獨居。這些大象的身體和耳朵比非洲草原象小（參閱p.116），每天會尋找並吃掉多達130公斤的植物來打發時間。

學名	*Elephas maximus*
類群	哺乳類
體長／體重	含尾部可達7.8公尺／6公噸
食性	草食性：樹皮、根、樹葉、草、竹子
分布	南亞
受脅程度	瀕危物種

瀕臨危機的動物

當動物的數量所剩無幾，以至於面臨滅絕的危險時，此種動物就會被評斷為瀕危物種。科學家必須了解世界各地的動物正面臨哪些威脅，並找出防止動物滅絕的方法。

食猿鵰（參閱p.63）

威脅：森林砍伐、狩獵、陷阱

據估計，目前食猿鵰在野外築巢的數量不到400對，成為世界上最稀有的鳥類之一。缺乏棲息地導致築巢地點匱乏，農民為了保護牲畜而非法狩獵，以及意外掉入為獵捕野豬所設置的陷阱等，以上原因都對此物種造成了巨大的傷害。

大尾虎鮫（參閱p.16）

威脅：漁捕、棲息地破壞

這是一種因為要製作魚翅而被獵殺的鯊魚。儘管許多國家已禁止魚翅買賣，但人們仍會捕撈來獲取魚肉，並食用肝臟以獲取維生素。其棲息地因為受到環境污染的威脅，曾經出沒的地區已幾乎滅絕。

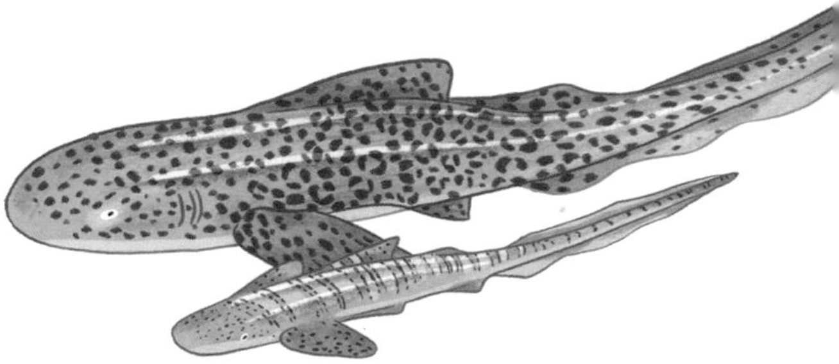

藍箭毒蛙（參閱p.32）

威脅：森林砍伐、疾病、寵物交易

因為建造房屋和農場而進行的森林砍伐，破壞了牠們的雨林棲息地，但不幸的是，許多藍箭毒蛙已經或正死於致命的黴菌疾病，也有從棲息地被抓走作為寵物出售，以上的種種威脅都讓藍箭毒蛙的生存情況更雪上加霜。

眼鏡王蛇（參閱p.46）

威脅：森林砍伐、採集、捕殺

因為伐木和農業的關係，眼鏡王蛇所生活的森林遭到破壞。此外，蛇的皮膚和身體其他部分經常被用於時尚精品和藥材，還有因為人們懼怕的心態，導致許多眼鏡王蛇受到捕殺。

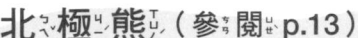

北極熊（參閱p.13）

威脅：氣候變遷、汙染物質、石油勘探

北極冰層的融化意味著北極熊無法接近主要獵物，也就是海豹。除此之外，天然氣和石油勘探行為，也使牠們暴露在石油外漏所造成的污染之中，讓北極熊的食物受到污染和疾病威脅。

吉丁蟲（參閱p.33）

威脅：商業及非法伐木

這種美麗的甲蟲需要枯木或垂死的樹木來產卵，但由於歐洲各地為了利益而大量砍伐森林，所以可以用來繁殖的樹木越來越少，因此在許多國家的吉丁蟲正在走向滅絕。

黑犀牛（參閱p.128）

威脅：犀牛角非法交易、棲息地消失

儘管已經盡力防範，但盜獵者仍繼續非法獵殺犀牛以獲取犀牛角。犀牛角主要於亞洲被當作傳統藥材使用，也被認為是地位和財富的象徵。此外，其賴以生存的草原，多數已變為耕地或建造房屋的土地，所以黑犀牛正在面臨艱難的生存條件。

綠蠵龜（參閱p.138）

威脅：採集烏龜卵、海灘消失、副漁獲物

綠蠵龜每年會返回同一個海灘，在沙子裡產卵，但因為人們不當撿拾這些卵為食，加上旅遊業和沿海開發，導致牠們失去棲息地、數量驟減。在海上，海龜也時常成為捕撈的副漁獲物（因為受困漁網而死亡），或是遭非法盜獵，以供食用或取得海龜皮和龜殼。

中國大鯢（參閱p.27）

威脅：棲息地破壞、水汙染、漁捕

水壩建造和河流流動方式的改變，破壞了中國大鯢大部分棲息地，也帶來水源污染和疾病。不過，牠們被當作「食物」才是最大危險因素，野生族群經常被捕獲，以便作為養殖出售。

鱗足螺（參閱p.66）

威脅：水質化學成分改變、有限棲息地

這種特殊的海螺非常容易受到深海採礦和勘探的威脅。每次以人為方式侵入海底熱泉噴口附近，都會讓水質裡的化學成分產生變化，讓生活在有限棲息地中的鱗足螺更加生存困難。

成功保育的動物

在瀕臨威脅之下的保育動物工作有如一場戰爭，但也有一些成功的保育故事。無論是透過個體的努力，或是透過世界各地的野生動物組織和政府的合作，以下是其中幾個成功的例子。

丹頂鶴（參閱p.125）

在日本北海道，丹頂鶴的數量因狩獵和農田取代棲息地而瀕臨滅絕。然而，當地農民現在會向丹頂鶴餵食玉米和蕎麥，這便是保育措施的其中一環，以幫助牠們增加數量。

蘇門答臘猩猩（參閱p.132）

因為棕櫚油的種植摧毀了大片雨林，使得這種類人猿受到生存威脅，甚至小猩猩也被當作寵物販賣。至今，由於三分之二的猩猩族群並不生活在島上的保護區，所以蘇門答臘猩猩仍然被認為是極度瀕危的物種，幸好現在有了專門的保育團體來幫助島上恢復猩猩的數量。

美洲豹（參閱p.114）

早在70年前，美洲豹已於阿根廷伊比拉濕地部分滅絕。自2021年開始，野化工作的努力之下，成功將一隻母豹和兩隻幼豹野放重返棲息地，隨後也野放了更多的母豹和幼豹，並在2022年野放了一隻公豹，開啟了該地區重新繁殖美洲豹的序幕。

白頭海鵰（參閱p.101）

1963年，世上只剩下487對築巢的白頭海鵰。1972年，有害殺蟲劑「滴滴涕（DDT）」在美國被禁用，滴滴涕曾導致48個州的海鵰滅絕。1973年通過的《瀕危物種法》中，特別提及白頭海鵰，至1995 年，白頭海鵰已從國際自然保護聯盟（IUCN）編列的瀕危狀態修正為近危物種，如今評估數量已達71,400對。

黑犀牛
（參閱p.128）

在肯亞，犀牛被非法宰殺以獲取犀牛角，光是2015年，非洲就有1,400頭犀牛被殺害，許多受僱保護野生動物的護林員也因此喪生。如今，透過護林員和社區團體共同努力，除了使用直升機快速抵達偏遠地區保護犀牛的安全，護林員也能使用追蹤器和攝影機監控動物的活動。在2020年的報告顯示，沒有一頭犀牛遭到盜獵。

大貓熊
（參閱p.93）

1970年代，野外只剩下1,000隻大熊貓，而1980年代的研究和衛星圖像顯示，牠們的棲息地已縮減至少50%。1990年代，開始制定了保護大貓熊物種的計劃，至2014年，大貓熊的數量已增加到1,864隻。

大翅鯨
（參閱p.72）

估計數量約有125,000隻的大翅鯨，到了1950年間只剩下約5,000隻。1966年，禁止商業捕鯨的國際法正式啟動，如今全球的成年大翅鯨估計超過 84,000隻，而且數量還在增加中。

問答猜謎遊戲

現在你已經認識了這些特別又驚奇的動物，試試看回答這些關於牠們的問題和猜謎遊戲吧！如果想要檢查答案或是遇到瓶頸，可以稍微看一下右下方顛倒過來的提示喔！

1. 在哪一個國家能找到無尾熊、紅大袋鼠和彩虹吸蜜鸚鵡？
a) 美國
b) 澳洲
c) 南美洲

2. 神聖糞金龜可以滾動比自己重50倍的糞球。請問這項敘述對或錯？

3. 以下哪一種動物不會將身體捲成球狀，來保護自己不受掠食者的攻擊？
a) 南非穿山甲
b) 四趾刺猬
c) 澳洲魔蜥

4. 北跳岩企鵝的體型比皇帝企鵝大。請問這項敘述對或錯？

5. 以下哪一種動物會為了掩飾真面目或是防衛領地，而改變顏色偽裝自己？
a) 美洲旱獺
b) 豹紋變色龍
c) 丹頂鶴

6. 響尾蛇、網紋蟒和眼鏡王蛇都屬於哪一種動物？
a) 魚類
b) 蝴蝶
c) 蛇類

7. 下列哪些動物在北極看不到呢？
a) 北極熊
b) 一角鯨
c) 耳廓狐

8. 革龜、紅鉤吻鮭、加拿大雁和紅玉喉北蜂鳥，牠們有何種共同之處呢？
a) 都會進行長距離的遷徙
b) 都是肉食性動物
c) 都是瀕危物種

1. 下列五種居住在雨林的動物都把自己隱藏起來了，只有提供一些特徵和習性，請試著找出是哪些動物，讓牠們現形吧！

a) 因為個性害羞，通常很難發現牠的蹤跡。多彩的顏色有利於彼此相互跟隨。到了夜晚，有力的臂肢幫助牠們爬到樹上過夜。

b) 每天能睡上18小時，是最會睡覺的有袋動物，並以尤加利葉為食。

c) 過著以雌性為首的群體生活。在白天，牠們在地面和樹冠上尋找食物；在晚上，會睡在樹枝分叉處的窩裡。

d) 每秒可跑出四個7公尺的大步，是陸地上短距離跑得最快的哺乳動物，時速高達104.4公里。

e) 是人類的近親之一，有著98%相同DNA。非常聰明並且經常使用工具，像是會用棍子把螞蟻或白蟻趕出巢穴，或用石頭砸開堅果等。

加分題：這些雨林動物中，以上哪三種屬於猴子或猿猴？

2. 你能猜出這個字謎中隱藏著哪種動物呢？
重新排列文字順序，揭開動物的面紗吧！

胡 紋 鯛 椒 條

測驗問答

1. B 一澳洲
2. 正確（參閱p.80）
3. C 一澳洲鱷蜥（參閱p.89）
4. 錯誤（參閱p.36-37）
5. B 一豹紋變色龍（參閱p.112）
6. C 一皆屬於蛇類
7. C 一耳廓狐（參閱p.89）
8. A 一皆會進行長距離的遷徙（參閱p.82-83）

猜謎遊戲

1. 山魈（參閱p.99）
無尾熊（參閱p.27）
巴諾布猿（參閱p.49）
獵豹（參閱p.27）
黑猩猩（參閱p.86）
加分題：山魈、巴諾布猿、紅毛猩猩
2. 條紋胡椒鯛（參閱p.81）

詞彙表

夏眠 與冬眠類似，這是動物在炎熱或乾燥的氣候下，減少活動以保持涼爽的行為。

頂級掠食者 處於特定環境下，食物鏈頂端的動物。這類動物會捕食其他動物，但本身不是被獵捕的對象。

鯨鬚 某些鯨魚上顎的流蘇板像窗簾一樣垂墜，可以用來過濾水中的微小食物。

生物發光 動物自行產生的光可以照亮黑暗處，會存在於魚類、昆蟲以及生活在海洋中的簡單生物，例如軟隱棘杜父魚。

雙殼類 一種軟體動物，由兩個半殼組成的外殼。

吊盪 在樹林穿梭時，用手臂在樹枝間擺盪，是長臂猿和猩猩等猿類的移動方式。

破水而出 從水中跳至空中，再落入水面。會破水而出的動物包括座頭鯨和大白鯊。

繁殖 透過交配產生後代。

休眠 指生物生命週期中生長、發育以及活動暫時停止的時期，包括冬眠和夏眠。

偽裝能力 某些動物會藉由改變顏色或形狀，與周圍環境融為一體，以利於伏擊或躲避其他動物。

腐肉 動物屍體的遺骸。

頭足類動物 指海洋軟體動物類，包括魷魚、烏賊和章魚等。

鯨目動物 包括鯨魚、海豚和鼠海豚等。

繭 保護動物的一層覆蓋物，例如蜘蛛會吐絲結繭來保護自己或是卵。

變溫動物 形容動物不能自身產生熱量，依賴環境來調節體溫。爬蟲類、魚類、兩棲類和無脊椎動物都是變溫動物。

巢居 一大群同一物種的共同生活，例如螞蟻或白蟻。

保育 積極保護動物生存和牠們的棲息地。

卷纏 指一條蛇卷纏獵物，並以纏繞的力量將其粉碎。

甲殼類動物 具有外骨骼的無脊椎動物和有關節的四肢，通常生活在水裡。

迴聲定位 某些動物感知物體和獵物的一種方式。牠們會發出陣陣的聲音至物體，經由反彈後產生迴聲。

外骨骼 指外部骨骼或硬質外殼，幫助許多無脊椎動物用來支撐和保護身體，例如甲蟲和龍蝦。

滅絕 指物種已經消失或不存在。

過濾進食 從水中過濾食物來進食。

鰓 指外部有褶邊或羽毛狀的部位，幫助水生動物收集氧氣，可以在水下呼吸並排出二氧化碳。

雌雄同體 一種同時具有雄性和雌性生殖器官的動物。

冬眠 當恆溫動物減慢心率以節省能量，並在寒冷天氣中不需吃太多食物時，就會進行冬眠。有些會進入深度睡眠，有些則進入一種稱為「蟄伏」的似睡眠狀態。

孵化 指生蛋的動物利用自己的體溫，使蛋裡面的胚胎發育直到破殼而出的過程。

彩虹色 觀測角度改變，色彩也隨之變化，此種光學現象即稱彩虹色，常見於蝴蝶翅膀、貝殼等。

角蛋白 構成動物皮膚、毛髮、指甲、角、蹄、喙和羽毛的物質。

磷蝦 指生活在海洋中類似蝦的甲殼類動物。

幼蟲 指從卵孵化出來，變成成蟲之前的昆蟲。毛毛蟲便是蝴蝶的幼蟲階段。

有袋動物 有育兒袋的哺乳類動物，包括袋鼠和負鼠。

變態 指動物在某個發育時期發生的巨大形態變化，例如毛毛蟲經由變態過程成為蝴蝶。

遷徙 前往不同地區尋找食物、繁殖地或躲避寒冷的長途旅行。

擬態 模仿另一種物種的特徵，通常是為了阻止或嚇跑掠食者。

軟體動物 指身體柔軟的無脊椎動物，但其中許多都有保護作用的殼。

單孔目動物 因排泄管道和生殖管道的開口合為一泄殖孔而得名。以獨特的卵生加哺乳的方式繁育後代。現存兩科，即針鼴科與鴨嘴獸科。

黏液 動物產生的黏稠液體，例如蝸牛會用黏液於地面上滑動。

刺絲囊 指水母、珊瑚或海葵身上微小、有刺的器官。

夜行性 指主要在夜間活動、白天睡覺的動物。

若蟲 指除了沒有翅膀及生殖器官外，其形態與成蟲很接近，例如蜻蜓。

寄生蟲 生活在另一種生物體的動物，以寄生的動物為食，或以寄生動物所吃的食物為食。

浮游生物 漂浮在水面附近的微生物，包括活體動物和植物。

授粉 透過蜜蜂或蝴蝶，將花粉粒從某種開花植物轉移到另一種開花植物，能幫助植物受精並產生種子。

捕食者 指捕獵並吃掉其他動物的動物。

捲纏尾 指為適應於捲握或抓握物體的動物尾巴，例如猴子的尾巴。

獵物 被另一種動物獵殺、吃掉的動物。

靈長類動物 指具有靈性的最高等哺乳動物，包括人類、猿猴和猴子等。

囓齒類 一群小型、啃食的哺乳動物，有一對門牙，包括老鼠、松鼠和海狸等。

清道夫 尋找並吃掉掠食者留下的動物屍體的動物。

氣味標記 在其領地內噴灑具有強烈氣味的物質，以阻止入侵者。

物種 生物分類的基本單位，是生物進化的基礎。同物種可以一起繁殖產生後代。

蟲鳴 通過身體某器官的振動或器官之間的摩擦來產生聲音，例如蚱蜢、蟋蟀。

互利共生 指兩個不同物種間的夥伴關係，雙方都能從這種關係中獲得好處。

爪子 指猛禽的大鉤爪。

觸手 常見於軟體動物。蠕動且柔軟的器官，大多用作感測環境變化，也用來抓取東西。

毒素 能對生物造成傷害的有害物質。

椎骨 連接在一起形成脊椎動物脊椎的骨頭。

聲囊 會膨脹放大以發出聲音，例如雄蛙和蟾蜍的喉囊。

恆溫動物 指動物不受周圍環境影響，能自體調節體溫的能力，包括哺乳類和鳥類。

索引

台灣廣廈國際出版集團 Taiwan Mansion International Group

國家圖書館出版品預行編目（CIP）資料

一日一動物 探索超圖鑑：366種陸海空生物大集合,走入驚奇有趣的生態世界!〔特徵精繪彩圖X中英名稱對照〕/ 米蘭達・史密斯(Miranda Smith)作. -- 新北市：美藝學苑出版社, 2024.06 224面；21X25.7公分 譯自：An animal a day
ISBN 978-986-6220-71-5(精裝)

1.CST: 動物圖鑑 2.CST: 通俗作品

385.9　　113004289

美藝學苑

一日一動物 探索超圖鑑

366種陸海空生物大集合，走入驚奇有趣的生態世界！〔特徵精繪彩圖X中英名稱對照〕

作　　者／米蘭達・史密斯 Miranda Smith
譯　　者／蘇郁捷
編輯中心執行副總編／蔡沐晨・**編輯**／陳虹妏
封面設計／陳沛涓・**內頁排版**／菩薩蠻數位文化有限公司
製版・印刷・裝訂／東豪・弼聖・秉成

行企研發中心總監／陳冠蒨
媒體公關組／陳柔彣
綜合業務組／何欣穎
線上學習中心總監／陳冠蒨
產品企製組／顏佑婷、江季珊、張哲剛

發 行 人／江媛珍
法律顧問／第一國際法律事務所 余淑杏律師・北辰著作權事務所 蕭雄淋律師
出　　版／美藝學苑
發　　行／台灣廣廈有聲圖書有限公司
地址：新北市235中和區中山路二段359巷7號2樓
電話：（886）2-2225-5777・傳真：（886）2-2225-8052

代理印務・全球總經銷／知遠文化事業有限公司
地址：新北市222深坑區北深路三段155巷25號5樓
電話：（886）2-2664-8800・傳真：（886）2-2664-8801
郵政劃撥／劃撥帳號：18836722
劃撥戶名：知遠文化事業有限公司（※單次購書金額未達1000元，請另付70元郵資。）

■出版日期：2024年06月
ISBN：978-986-6220-71-5

First published in Great Britain 2023 by Red Shed, part of Farshore, An imprint of HarperCollins*Publishers*, 1 London Bridge Street, London SE1 9GF under the title: **An Animal A Day**

Written by Miranda Smith.
Inside illustrations by Kaja Kajfež, Santiago Calle, Mateo Markov and Max Rambaldi.
Front cover illustrations by Kaja Kajfež, Mateo Markov and Santiago Calle.
Consultancy by Dr Ashwini V. Mohan.
Inside design by Duck Egg Blue Limited